餐厅里的革命

从独乐乐到众乐乐

Antoine de Baecque

[法] 安托万·德巴克 著

黄可以 译

上海文化出版社

图书在版编目（CIP）数据

餐厅里的革命：从独乐乐到众乐乐 / (法) 安托万·德巴克著；黄可以译. -- 上海：上海文化出版社，2023.8
ISBN 978-7-5535-2801-4

Ⅰ. ①餐… Ⅱ. ①安… ②黄… Ⅲ. ①饮食－文化－法国 Ⅳ. ①TS971.205.65

中国国家版本馆CIP数据核字(2023)第146433号

图字：09-2023-0671号

出 版 人 姜逸青
策　　划 小猫启蒙
责任编辑 赵　静
版面设计 王　伟
封面设计 Darkslayer

书　　名 餐厅里的革命：从独乐乐到众乐乐
作　　者 [法]安托万·德巴克
译　　者 黄可以
出　　版 上海世纪出版集团　上海文化出版社
地　　址 上海市闵行区号景路159弄A座3楼 201101
发　　行 上海文艺出版社发行中心
上海市闵行区号景路159弄A座2楼 201101 www.ewen.co
印　　刷 上海颛辉印刷厂有限公司
开　　本 889 X 1194 1/32
印　　张 8.25
版　　次 2023年9月第一版 2023年9月第一次印刷
书　　号 ISBN 978-7-5535-2801-4/TS.089
定　　价 56.00元
敬告读者 如发现本书有质量问题请与印刷厂质量科联系　电话：021-56152633

目录

附：菜谱清单

引言：巴黎餐厅之地点意识

“只有傻子才不爱美食，这点无须多言！老饕们都是艺术家，是学者，是诗人。味觉和视觉、听觉一样，是一种微妙细辨、精益求精且值得尊重的感官。没有味觉的人缺乏的是一种辨别食物品质的精妙能力，就像读不出书是否好看、品不出艺术作品是否美一样。这样的人失去了一种必不可少的感官，也失去了人之优越性的一部分。世上有着数不胜数的专属于我们人类的残缺、丑陋、愚蠢，不懂吃就是其中之一。一言以蔽之，不懂吃的人什么都不会懂。”

——居伊·德·莫泊桑

《于松太太的蔷薇》

（*Le Rosier de Madame Husson*），1888 年

法国大革命中期，路易－塞巴斯蒂安·梅西耶继 1781 年出版、1788 年再版了精彩的作品《巴黎图景》（*Tableau de Paris*）之后，又在《新巴黎》（*Le*

Nouveau Paris）中介绍了法国首都居民的新圣殿："掌控着美食爱好者们"的食神餐厅（Adéphagie）。"专栏作家写道，即使是在革命的恐怖之中，食神餐厅的统治地位依旧毫无动摇。餐厅一如往常地摆好一张张餐桌，而旁边就是断头台和塞满罹难者的广阔墓园。"[1]

无论是在经济史、政治史还是美食史层面，梅西耶都把"大众饮食"视作一种主要因素进行考量。同时，他还认为"各个级别的厨师"是巴黎最忙碌的人。作者用最辛辣的黑色幽默调侃："巴黎人可是一口好吃的也不会放过。"彼时，最时髦的活动就是"向餐馆老板订位"，甚至在全面恐怖时期也是如此，"刽子手的身后就是厨房学徒的配餐室"，"宴会举办地就在决定人之生死的委员会旁边"。[2]

彼时，在极大程度上支配着巴黎生活的似乎就是这双子星：一边是食客——"自私鬼，一个人坐在餐桌前，吃掉近五十古斤的食物"；另一边是餐馆老板，如同文中所言，"他们大腹便便，在餐后酒喝完时送来账单"。[3]

新颖口味和政治新闻一样，是在巴黎流行的一种风尚。为了理解巴黎人对新口味抱有的不输政治的狂热，我们需要回到三十年前。1765 年，普利街上的一家面包店里，马蒂兰·罗兹·德·尚图瓦索将旧制度的一系列禁令和特权放在一边，给坐在大理石小圆桌边的客人上了一道粗盐家禽佐鲜鸡蛋。当时，旧制度不准个人，无论是熟食店老板、酒馆老板还是旅店老板，在装修过的、配有单人餐桌的封闭空间中为客人提供食物。尚图瓦索的连锁店门口刻着充满魔力的口号：“肚子遭罪的你们，来我这吧，我让你们恢复元气。”[4]既表达了他对财富和自由市场的雄心，也表现出法国第一位餐厅经营者的商业洞察力。看到成功希望的尚图瓦索于1769年把餐厅地址定在阿利格尔酒店（Hôtel d'Aligre）。

18世纪末，餐饮这一新产业的发展速度已然很快，甚至可以说是飞快。为了满足食客们的要求，餐厅成倍增加。食客们因为能在独立的餐桌上享用各种各样的美味佳肴，能在菜单中尽情挑选，能在点单时知道菜品的价格而兴趣倍增。同时，餐厅体现了社会的发展，无论是贵族做派的礼仪，还是资产阶级的习惯。餐厅也展现了政治的历程。彼时，大革命初见端倪，而王国的显赫贵族开始流亡。皇亲国戚的大厨们从主人身边逃走，自立门户，开起了餐厅。于是，餐饮从业人员、菜谱、用餐礼仪以及美食原则都从贵族餐桌转移到了现代餐厅。

安托万·博维利耶尔离开了国王的兄弟——普罗旺斯伯爵的厨房，于1786年在巴黎皇家宫殿开了自己的餐厅，生意从1789年开始逐渐兴隆。自此，新式餐饮的主要原则得以明确，博维利耶尔也成了餐饮界的头号人物。

本书将重点描绘的正是餐饮界的这些重要人物，也将尽可能详细地刻画与这些人物相关的标志性地点。对博维利耶尔而言，标志性地点就是巴黎皇家宫殿，它首先成为巴黎餐饮的中心，之后又跃升为世界餐饮的中心。我们将参考葛立莫·德·拉·黑尼叶的系列作品《老饕年鉴》(*Almanach des gourmands*，共七卷)，即当时最具影响力的美食评论的其中一卷所给出的时代背景和详细点评，踏上一条美食路线，从博维利耶尔餐厅到费弗里耶餐厅，从维富餐厅到维利餐厅，从普罗旺斯三兄弟餐厅到考拉扎餐厅。这条美食路线问世之后很快便家喻户晓，被称作“美食家巡回路线”。正是在那些地方，最初的现代餐厅用全新的方式布置餐桌、提供服务（很快就走向了“俄式”服务），重新规划营业时间（正式将晚餐开始时间提早到食客偏好的黄昏时分），重新构想上菜次序、摆盘方式、菜品命名、计数、定价，同时，菜单开始将菜品的相关信息展现给客人。

几位天才厨师很快就注意到了巴黎餐饮界一种全新文化的兴起。比如安托南·卡雷姆，这个街头长大的小孩，因天资非凡而成为引人注目的甜点师，年纪轻轻的他没多久就做了外交大臣塔列朗麾下的大厨，部长将他视作“美食外交”的得力干将。人们一致认为这个发明厨师帽的人是“厨艺大师”中的翘楚，特别是他那无人能敌的“建筑系菜肴”，无论从透视规则还是从黄金分割的角度来看，都堪称“烹饪界的名胜”，既赏心悦目，又极具难度，还十分美味。卡雷姆的书、菜谱、个人魅力，甚至个体命运，都使他成为美食史上最耀眼的明星。

葛立莫·德·拉·黑尼叶是个叛逆的富有贵族，在半个世纪的时间里，他持续以“鼎鼎大名的夜宵”和“哲学晚餐”款待宾客。他建立了餐饮界的评判标准，组建了一支点评队伍，世界上第一份美食刊物中刊登的就是这些人的看法和决定。

让·安泰尔姆·布里亚－萨瓦兰和葛立莫是同时代人，他是哲学家，也是感觉理论家。他的作品《味觉生理学》①让他收获了“第一位餐饮知识分子”的桂冠，

① *Physiologie du goût, ou méditations de gastronomie transcendante*，译林出版社已于 2013 年出版，书名为《厨房里的哲学家》。本书保留了原书名的意思。——译者注

令他兼具学者、理论家、作家和享乐主义者等多重身份。1825 年出版的这一标志性作品梳理了餐饮界半个世纪的蓬勃发展，赋予了美食、美食批评，以及餐厅——这一美食的象征空间，以不容置疑的正统地位。

大革命前餐厅的数量屈指可数。到了 1804 年也仅有不到三百家，并且主要聚集在皇家宫殿附近。1825 年约有一千家；1834 年超过了两千家，而且开到了巴黎的林荫大道和西边的街区。1835 年，“餐厅”（restaurant）一词被收录进《法兰西学院词典》（*Dictionnaire de l'Académie française*）时已经被赋予了新的含义。院士们从传统意思出发，以近乎药理学的方式为其定义：“*restaurant*，名词，指恢复元气、补充精力的食物或菜肴，例句如‘酒和浓汤都是很好的令人恢复元气的食物’；另多指既滋补又美味的食物精华，如‘给他上了一道好菜’。”法兰西学院的院士们最后从医学角度出发，补充了“restaurant”一词的现代意义：“此外，本词也可用于指提供滋补食物的场所，如‘这条街上新开了一家餐厅’‘他开了一家餐厅’。”[5]

从“餐厅”一词又衍生出了“餐厅老板”（restaurateur）。布里亚 - 萨瓦兰在《味觉生理学》

的开篇将“餐厅老板”定义为：“为大众提供烹饪好的丰富菜肴的生意人，菜肴以份计算，价格固定，按消费者的要求提供。”[6]

这些巴黎人，特别是巴黎有钱人，他们热爱的新去处是什么样的？在19世纪20年代初的一篇极具异国情调的巴黎游记中，我们可以读到这样的文字：“走进巴黎的一家餐厅，你会被它的华丽迷得神魂颠倒。铺满墙面的镜子几乎延伸到天花板，反射着灯光，让餐厅里所有的东西和人显得多了好几倍。餐厅中间一般会有一个漂亮的陶瓷火炉，厅堂上方悬吊着好几盏水晶玻璃灯。点缀空间的是雕像、花瓶、圆柱和锡制餐具。大厅的一边是高高的木台，后面坐着主宰餐厅命运的女人，穿着优雅又好看的衣裙，有着贵妇人的态度和举止。她总是那么标致，常常极美，亲切地点头向你致意。她也负责账单。无论什么时候，她都是自己的主人。”[7]

奢华感主导着一切，包括服务生面带恰到好处的笑容呈上的账单。这使餐厅一经问世便成为旧贵族及新兴精英阶层的独享场所。新兴阶层的行为特别能说明那是一个极度热衷于模仿的时代：新贵们通过一些细微的差别和小把戏，把旧时的习惯收为己用，于是就产生了那个时代为人处世方面独有的介乎公开与隐秘、透明与阻隔之间的张力。通常情况下，精英阶层保守谨慎，避开外界目光；但是一到了餐厅，新食客们便开始洋洋自得，在其他宾客面前招摇过市，无处不在的视线此时因为镜面的反射而倍增，进餐由此转变为一场众目睽睽下的表演，仿佛许许多多的小王爷，想要让人们知道他们怎么吃饭、吃了什么，又准备如何满足对食神餐厅的崇拜。

在美食学飞跃的同时，餐厅也变得多样化，主要体现为选址和客户群的变化。最早的餐厅都开在皇家宫殿周围，从旧制度到复辟时期，那里一直是巴黎享乐主义的中心。而从19世纪20年代到40年代，最著名的餐厅则开在林荫大道，如巴黎金色之家、英国人咖啡馆、托尔托尼咖啡馆、巴黎咖啡馆……那条东起巴士底狱、西至马德莱娜广场的“巴黎大道”①既是巴黎城的地标，又是现代化都市的象征。很快，几乎所有餐厅都搬到了这条街上，以自己的方式构成光之城独特魅力的一部分，如同“维纳斯的腰带”[8]，摩登巴黎因它而成为美食之城。

① 即如今的“奥斯曼大道”。——译者注。

从那以后，全巴黎的人都想着大快朵颐。于是，无论是在价格和氛围上，还是在特色菜方面，餐饮界都变得丰富起来。餐厅一家挨着一家，迎接着形形色色的食客。

19 世纪下半叶，餐厅再度迁移，更多的餐厅根据自己的定位和目标客户分散到了不同的街区，比如开在香榭丽舍大道附近的马克西姆餐厅和由奥古斯特·埃斯科菲耶掌厨的利兹餐厅，它们集中体现了 19 世纪 80 年代第三共和国时期的富足和安定。这两家餐厅的存在吸引了很多高档餐厅在其附近选址。

马克西姆·加雅尔（Maxime Gaillard）在美式酒吧雷诺兹做过咖啡服务生。之后，他和朋友乔治·埃弗拉特（Georges Everaert）开了一家餐厅－咖啡－冷饮店，取了一个别具美国风情的店名“马克西姆和乔治的店”。1893 年 5 月，黛安娜奖（prix de Diane）颁奖典礼那天，当时最有名的贵族子弟之一阿尔诺尔·德·孔塔德（Arnold de Contades）和上流社会的大明星、喜剧演员伊尔玛·德·蒙蒂尼（Irma de Montigny）被这美国化的店名吸引，前来用餐，餐厅从此一炮而红。那些讲究而时髦的食客很推崇餐厅大厨欧仁·高努奇（Eugène Cornuché）的手艺，于是纷纷慕名而来。很快，皇家街上的这些餐厅声名鹊起，皇家街也成为美食天堂和约会打卡之地。

埃斯科菲耶可能不是最好的厨师，但他是法国厨界第一位现代意义上的“主厨”（chef）。埃斯科菲耶曾在他叔叔位于尼斯的餐厅里学厨，后于1870年战争期间去了莱茵军队的食堂。他在自己开的第一间餐馆“小红磨坊”（Le Petit Moulin Rouge）里对厨师这个职业进行了改革。他以军队为模版，将厨房里的工作以小组为单位进行分工，组建了一支以主厨为首、以负责不同工作的小组为辅的团队，团队的助手和店员都要听命于主厨。这一改革使得厨房具备了军队的效率；即使在客流高峰时段，这套能够持续高速运转的系统也让埃斯科菲耶“始终保持淡定”。[9]

埃斯科菲耶还著有多本指导书和菜谱书，这些作品大受欢迎。1883年，主厨结识了凯撒·利兹（César Ritz），两个人的联手彻底改变了餐饮业和酒店业。伦敦的萨伏伊酒店和卡尔顿酒店，以及巴黎的利兹酒店，都是他们联手铸就的奢华而雅致的神话。

从此，西方世界出现了一种新式餐厅，即豪华餐厅。全世界的名流显要都来此体验“法式宴饮”，一方面，他们被奢华的装饰、宽敞的空间和精湛的厨艺所吸引；

另一方面，他们也渴望以如此体面的方式出现在同侪的视野里。这一现象得到了新兴美食报刊的广泛报道，此类报刊在当时的主要刊物中占有一席之地。

19 世纪中叶，餐厅等级基本上如实地反映了社会阶层的构成。最上层是“点单式”的高档餐厅，孔蒂（Conty）在其 1855 年出版的《口袋巴黎：外国人图解实用指南》（*Paris en poche: guide pratique illustré de l'étranger*）中讽刺地称这里的食客为“土豪”。这类餐厅数量不是最多，但最出名，威望最高，价格最贵，客人最多，主厨也最负盛名。这种依据精英主义习惯打造的餐饮模式有着旧日王孙贵族宅邸的奢华装饰和新兴资产阶级住所的盛大气氛，仅仅只是餐饮消费市场的一部分。在这类餐厅的旁边，是大道发展时期各种各样针对所谓“中产阶级”而开的餐厅，这些“定价餐厅”特别受大众青睐。

很快，餐饮服务变得越发丰富。在奢华餐厅和定价餐厅之外，又出现了一些“浓汤餐馆”（bouillon）这样的平价餐厅，比如迪瓦尔餐馆（Bouillon Duval），先开了第一家，接着第二家、第三家……一直开到第八家，这些餐馆招待的客人就不那么富有了。皮埃尔–路易·迪瓦尔（Pierre-Louis Duval）原是肉店老板，他于 1855 年开了自己的第一家餐馆，就在巴黎皇家宫殿近旁的孟德斯鸠街上。开这家店的初衷是卖掉肉店里质量一般的牛肉块。当时销路最好的就是招牌菜荤杂烩，一般会配上一碗浓汤。

低廉的价格，戴着白帽、系着白围裙的女服务员，让这种“大食堂”来势汹汹，迪瓦尔很快就在巴黎中心开了好几家分店。此后，竞争者出现了，包括位于蒙马特郊区街的能人居、圣丹尼郊区街的朱利安餐馆、布朗餐馆、瓦格内恩德餐馆、拉辛餐馆、加尔餐馆在内的平价餐厅相继在左岸出现。

啤酒馆餐厅（brasserie）则是在第二帝国时期发展起来的，特别是在 1870 年战争和阿尔萨斯 – 洛林地区失守之后。酒馆餐厅像是一种对丢失省份的悔恨的表达，同时也是对这些地区的特色食品和饮食习惯的致敬。随着巴黎到斯特拉斯堡的铁路投入使用，阿尔萨斯啤酒走上了征服首都之路。1870 年，巴士底附近的博芬格酒馆卖出了第一桶扎啤。很快，更多的阿尔萨斯人开起了酒馆餐厅，用啤酒和特色菜招待食客。最棒的酒馆有弗洛德勒酒馆、力普酒馆、泽耶尔酒馆、珍妮酒馆和穆勒酒馆。到了 1900 年，这样的酒馆已经超过两百家。

如今，餐厅的类型越来越丰富，价位也更多元，不管是大众餐馆还是奢华的大饭店，人们都可以随心所欲地挑选。它们不再只是一个潮流现象，更是一片精神家园，在世界各地成为“法式”或“巴黎风尚”的代名词。

餐厅的客流量惊人。19 世纪末，巴黎的居民有一百万左右，其中十万人每晚都在餐厅吃饭。为了满足这样庞大的客户群体，巴黎有超过一万家餐厅开门迎客。一个餐饮世界就此诞生。讲究的餐桌礼仪、丰富的菜品、多元的价位、精美的口味和对烹饪的书写：对吃、喝、围坐在餐桌边谈天说地的热衷在驱动着这一切。现代餐厅自此成为巴黎文明独一无二的标志，享誉全世界。

马蒂兰·罗兹·德·尚图瓦索

现代餐厅的诞生

1825年，《烹饪哲学史》(*Histoire philosophique de la cuisine*)一书再现了不同的烹饪传统流派，布里亚－萨瓦兰就此提出了一个新派系，即"现代餐厅"。这部被视作"对历史的思考"的作品主要对餐厅起源进行了叙述："现代餐厅终于出现了。作为全新的餐饮机构，人们从来没有想过它会如此成功。其影响之大，让任何手头有点余钱的人毫不犹豫地去餐厅享受美味与快乐。"[1]

现代餐厅的诞生充满了传奇色彩，就像耶稣的诞生，似乎有天意，但同时也不乏对价格的考量。布里亚－萨瓦兰一开始就注意到了餐厅诞生的社会原因：餐厅丰富了低收入人群对食物与口味的渴望，以及对好好吃饭的希冀，为"有点余钱"的社会阶层带去了一种口味的普选，一种享受餐食的民主。

"我会为您提供食物……"

味觉生理学家追溯了"让如此普遍、如此日常的餐厅得以问世的一系列想法"。他首先提到了历史背景，即"美食赤字"。布里亚－萨瓦兰曾抱怨：1760年前后，

“外国人在巴黎能吃到的美食非常有限。除了极个别有幸受邀到权贵人家用餐的客人，大部分人在离开这座大都市时都不甚了解法餐的丰富与美味”。[2]由此可知，除了王公贵族的餐桌，彼时可供光顾的餐饮机构虽然存在，但令人失望，远远没能填补空白：小旅馆的“吃食总体上很糟糕”；配有餐厅的酒店“只能满足基本需求，而且只在规定时间提供餐食”；小酒馆和咖啡厅“只想着怎么让人喝刚刚上市的酒，什么菜都混在一起”；熟食店“只送整块肉”。[3]

对外国人来说，吃不到美食，是因为能做出美食的人受到严格的管控，只能为旧政权下的权贵服务。只有贵族才有权利在家里设宴款待客人，只有贵族家中的厨师才具有做出美食的才能与品味。相反，小旅馆、酒馆、咖啡厅没有权利提供真正的餐食；酒店餐厅有严格的时间限制，食客们必须在同一时间用餐；熟食店和烤肉店一样，不能从一整块肉上切下一小部分给客人端上餐桌。法国美食家们让“巴黎美食”声名远扬，可人家到了巴黎却吃得不好，这种矛盾的情况开始令人不满。

布里亚－萨瓦兰告诉我们，餐厅正是在这一情况下应运而生的：“终于有人站出来说，我们不能无视人们对巴黎美食的批评；人们每天同一时间都会有同一需求，美食消费者们成群结队地来到巴黎，满心以为自己对美食的想象能在这里得到全部满足。因此，我们需要提供像样的餐饮服务，可以从一只鸡身上卸下一只翅膀满足第一位食客，再送一只腿满足第二位，而切下的第一块肉不会影响鸡的其他部位的使用。面对一家上菜快、东西好吃的餐厅，食客不会在乎较高的价格。菜肴要丰富，价格要明确，服务要满足各个层次的消费者。”[4]

从某种意义上来说，要求其实很简单，就是在餐饮界各种各样的特权以外，为曾经失望而归的人提供一张法餐餐桌，独享一顿佳肴，味道令人满意，且能在一天中各个时段用餐。于是出现了这样一个神奇而勇敢的男人，一个让布里亚－萨瓦兰尊敬的人，他是“第一位餐厅老板，他创造了一个职业，让抱有善意、讲究秩序、具有资质的人享有（美食）财富”。[5]

这个人是谁？奇怪的是，布里亚－萨瓦兰虽然描写了这个人，却始终没有给出姓名……我们很快就能明白个中原因。现在，我们需要通过追溯另一源头来找到这个原因。最早使用“餐厅老板”这一称呼的人中有个名叫雷蒂夫·德·拉布勒托纳的作家，他在

1767 年《巴黎之夜》关于散步的一篇文章中提到自己从一家餐厅里走出来时，说“‘餐厅’这个新词是我们这个时代的象征”。[6] 该场景发生在格勒内勒大街(rue de Grenelle) 上。“巴黎猫头鹰”提到，他因一个“漂亮的餐厅女老板”而慕名来到那里，刚一坐下，要“吃点东西”时，一个“面露不悦”的服务生让他选择“米饭菜汤或新鲜鸡蛋，以及一块禽肉或一份烤牛肉”。他选了菜汤和禽肉，吃完以后感到很失望：关于这顿饭，“我觉得这里的餐厅和别的地方的餐厅没什么两样”；关于餐厅氛围，“完全不热闹，每个用餐的人都安静地坐在自己的小圆桌边喝汤，桌上连桌布都没有”。[7]

尽管在雷蒂夫的笔下，“去餐厅吃饭”的体验似乎令人失望，但这种体验很快成了社会事实，证实了散步者提到的“时代的象征”，需要强调的是，符合现代意义上的餐厅彼时尚未出现。1765 年到 1767 年间，越来越多的事实让我们看到巴黎“餐饮业”的确立。

随后，在当时的普利街，也就是现在的卢浮宫街，出现了第一间餐厅。那是一家老面包店，伴随着一个名字——“罗兹先生”，以及一句被刻在门上的重复出现的拉丁语“...et ego restaurabo vos”（“……我就使你恢复元气”）。这句话出自《马太福音》(11:28):

“可以到我这里来，我就使你们得安息。”

在大理石小圆桌旁，人们可以点一份菜量适中的粗盐禽肉、新鲜鸡蛋和浓汤。1767 年 9 月中旬，狄德罗在这个餐厅吃过晚餐，然后在 19 日给索菲·沃兰德（Sophie Volland）的信中这样写道：“周二，从七点半起，一直到两三点，我都在沙龙；然后，我去普利街上一家美味的餐厅吃了顿饭。感觉不错，但价格偏贵。”当狄德罗的情人问他是否喜欢那家餐厅的口味时，哲学家回复道：“真的，我很喜欢，回味无穷。价格虽然有点贵，但用餐时间自由。漂亮的老板娘从来不会和食客聊天，因为她老实而谨慎，但如果食客们去与她交谈，她也会亲切地回应。人们独自用餐，每个人都沉浸在自己的世界里；老板娘会亲自确认每桌有没有缺什么东西。这点很棒，我觉得大家都很满意。”

攻占巴黎

餐厅首先是一种新的仪式、一片个性化的平静空间，与喧闹的、熙熙攘攘的小酒馆不同。消费形态变了，消费者的习惯也变了。狄德罗为其建立了标准，这位知识分子喜欢舒适的用餐环境，喜欢安静地观察，喜欢他亲自挑选后再由大厨为他制作的佳肴，喜欢和为他服务的漂亮女人聊天、结账，等等。而最终极的快乐，就是吃不完也可以剩着。

餐厅很快就取得了成功。1766年，罗兹和合伙人“蓬塔耶先生”（Sieur de Pontaillé）在圣奥诺雷街卢浮堂旁边的阿利格尔酒店里开了一家现代意义上的餐厅。1771年，《特雷武词典》（*Dictionnaire de Trévoux*）把“餐厅老板”一词列入了表现当时时代风尚的新词中，它是这样定义的：“餐厅老板是那些烹调真正的法式清汤的人，法式清汤即所谓的‘餐食’或‘王室汤品’。同时，他们也售卖各种各样的奶油、米饭菜汤、新鲜鸡蛋、意面、粗盐油鸡、果酱……”那个时候，“restaurant”一词指的是菜肴[8]，而非用餐场所：“restaurant”是让人“恢复元气”（restaurer）的食物，是“餐厅老板”（restaurateur）提供给客人——“需要恢复元气的人”（restaurés）——的食物。直到十五年后，“restaurant”一词才有了今天的“餐厅”之义。

1772年出版的《皇家声誉记事簿》（*Tablettes royales de la renommée*）及1776年出版的《拉梅森杰》

杂志（*La Mésangère*）中的评论向我们证实餐厅已在巴黎站稳脚跟，并且大获成功。在“民众开心地聚集在一起”[9]的地方呈上“实实在在的消费品，也就是餐食”，一些“健康而精致的菜肴”。《拉梅森杰》这样描写巴黎人消遣和享乐的新去处：“新鲜、时髦、价格高昂是这些餐厅的标志，那些不敢去酒馆或熟食店吃饭的人都会毫不犹豫地走进餐厅，愿意为一模一样或者说几乎一模一样的一顿晚餐付更多的钱！”[10]这种风潮是对餐厅最大的认同，也可见人人都想在餐厅里被看见。

吕吉耶里兄弟的科利塞

另外，得到最多讨论的餐厅都开在人们最常去的新地段，即从科利塞到沃克斯豪尔的街区。在18世纪的后三十多年里，巴黎人狂热地追逐着“英式消遣”的风潮，喜欢去仿照1741年在伦敦开放的拉内拉赫花园而建的沃克斯豪尔。1766年，效力于王室的烟花大师吕吉耶里（Ruggieri）兄弟在圣拉扎尔街（rue Saint-Lazare）修建了第一个休闲公园；之后，1771

年 5 月 22 日在香榭丽舍大道旁边开放的科利塞可以迎接五千人，从下午四点开放到晚上十点，夏天则开放到午夜。

这是一个巨大的封闭空间，配有一条宽敞的亮灯步道，一个时不时有表演可看的圆亭，如舞蹈、杂技、音乐、魔术、烟花等，以及一个供客人们玩耍、喝酒、吃饭、跳舞的阁楼。到了晚上，还会有包括舞会在内的各种各样最受欢迎的活动。一种可视的激情和冲动诞生了：在炫耀、玩乐、忘我消遣的同时看见自己、看见别人。

当然，晚上还有佳肴享用。如今我们能看到一份彼时科利塞提供的菜单，但不知道负责烹饪的大厨是谁。菜单里有调味小牛肉清汤佐去皮大麦、玫瑰和葡萄干酱汁，或香料水禽肉佐蛋黄酸酱汁，或隔水炖山鹑佐野味酱汁，当然还有白汁羊蹄。[11]

蛋黄酸酱汁诉讼案

餐厅的正式确立同样也体现在司法层面：巴黎高等法院的一起诉讼案就涉及到了餐厅。餐厅老板们取得的巨大成功引起了竞争对手——熟食店老板和烤肉店老板——的不悦，他们将前者告上法庭。长久以来，除了点心店售卖的肉酱，只有熟食店和烤肉店才能为客人提供熟食和香肠。从 1766 年起，在由熟食店提起的诉讼中，争议大都围绕着一道菜展开，更确切地说，是一种酱汁，即蛋黄酸酱汁（由蛋黄、蘑菇浓汁、柠檬汁和欧芹调制而成）。布朗热餐厅（Boulanger）给猪蹄配的就是这种酱汁。关键在于肉类（羊肉、牛肉、禽肉）是否是在酱汁中烩制而成的。如果是把肉浸在酱汁中烧熟，那么，这应是熟食店和烤肉店的专利；如果只是把酱汁作为佐料浇在菜上，那餐厅就有权使用。

人们针对“是炖肉酱汁还是仅是浇汁”这个问题讨论了好几个月，事件引起了广泛关注。法院在经过现场品尝，并于 1766 年秋听取了两造的意见后，最终认定“餐厅的菜肴与熟食店的炖肉完全不同，因此餐厅与熟食店不构成竞争关系”[12]。蛋黄酸酱汁是一种浇汁，它算不算烹饪材料还有待讨论。但是司法决定清楚地表达了对最初一批餐厅的善意，蛋黄酸酱汁在几天时间里便成了时髦酱汁，连国王路易十五都命人在凡尔赛宫给他做了蛋黄酸酱汁羊蹄。布朗热餐厅的胜利更多的是一种象征，展现了一个行业体系整体没落的原因，以及 18 世纪中期以来行业陈规逐步消解的过程。就这样，一道裂口出现了，虽然狭窄，但是足以瓦解熟食店的垄断和贵族阶级的封闭。这道裂口就是餐厅刮起的新风。

1777 年，一部极为严谨的作品《王储美食年鉴》（*Almanach du Dauphin*）完成了对巴黎餐厅起源的记述。作品回溯餐厅的历史，对其进行概括与总结，并明确了"餐厅"一词的含义，同我们今天在词典中看到的一样："这些新出现的场所名为'餐厅'，是'健康之所'，最初创立者是罗兹和蓬塔耶先生。餐厅从各个方面来说都不输最上等的咖啡馆。其中最早的一间由罗兹于 1765 年创建，位于普利街，但是因为餐厅所处的位置并不占优势，于是第二年就搬到了圣奥诺雷街的阿利格尔酒店。搬迁后的餐厅大获成功，同样延续了干净、体面、公正的原则 —— 这些是餐厅的基础。其他一些餐厅开在大众常去的消遣地带，比如科利塞。每道菜的价格都是固定的，顾客可以在好几道菜中自由选择，餐厅全天开门，食客可以在分开的小桌子上独自用餐。包括女士在内，所有人都可以享用到价格确定且公道的餐食。"[13]

作品中明确了餐厅的所有特征：令人精神振奋的

美味佳肴简化为对一道菜品的选择，套餐或菜单中的每一道菜都明码标价，用完餐后根据“付款卡片”，即账单上写的价格付钱；精心、高雅的装修和单人小餐桌，与酒店惯用的多人餐桌及熟食店、烤肉店和点心店让人难以入座的柜台形成了鲜明对比，这就是为什么人们以前更习惯于把店里的炖菜打包带回家；顾客可以接受有时不太亲切的服务生或以温柔殷勤出名的餐厅老板娘提供的服务；白天和晚上的任何时候都可以前来用餐，男士通常独自来吃饭，有时也会有位女士陪伴。对质量的保证，无论是食物方面还是卫生方面，是餐厅这一新式用餐场所有别于传统场所的最大不同，在传统用餐场所，“人们可能会因吃下去的东西而死”。

最后，在餐厅用餐，价格既“低廉”，食客又能吃到与更普通的客栈、小酒馆和会碰到小混混的咖啡馆不同的食物。餐厅同样意味着一种新的渴望——菜品开放选择，适合单人的分量，没有拼桌的混乱，保证谈话的私密性和文雅。同时，餐厅的兴起还标志着行业传统体系的没落，从此每个职业不再有自己的特权和专利。突然之间，因为餐厅，巴黎人吃得时髦起来。

神秘的先行者

"餐厅之父"马蒂兰·罗兹·德·尚图瓦索，通常被称为罗兹先生或尚图瓦索先生。他是个神秘的人物，不仅因为他没有后代，也因为他的创造并非偶然。恰恰相反，他为餐厅倾注了很多精力，给予了很多重视。

罗兹先生人生中的重大事件发生在1789年4月，当时的法国正处在动荡中。他从巴黎来到凡尔赛，为国王和三级会议献上他的《税务改革计划》[14]。他是"重农主义学者"代表团的成员之一，这些学者寄希望于通过解决巨额债务问题来促进国家复兴。这一点没有在历史上留下太多痕迹，仅有当时报纸的几行文字记载。1806年3月，早已被世人遗忘的他去世了，享年七十五岁。德·尚图瓦索的一生，既不是厨师，也不是美食家，甚至不是餐厅老板，而是我们今天所说的"经济专家"。也就是说，餐厅的发明人与餐饮艺术和餐厅生意本身并无关系。

不过，在他和一些与他同时代的人眼中，他没有浪费时间。1731年，他出生在一个富裕家庭，爸爸是商人，在枫丹白露有块地。马蒂兰·罗兹和他两个哥哥的境况截然不同，一个哥哥安东尼是国王名下宅邸的监察员，另一个哥哥路易继承了父亲的事业，成了富裕的彩陶商人；而马蒂兰·罗兹则成功地在公众中出了名。首先，他取用了他出生的小镇，即位于枫丹白露南边的尚图瓦索作为姓的补充，为自己的名字增添了几分贵族气质。18 世纪 60 年代，他来到巴黎，在文人共和国[1]中找到一席之地。

他常去沙龙，特别是吉奥弗林夫人（Madame Geoffrin）的沙龙，撰写并发表一些关于自由贸易、市场、债务的文章，并用当时颇受欢迎的英式写作风格给阅读、思想、书写润色。这个三十岁的男人在重农论者中站稳了脚跟。这是一个人数众多的群体，试图在陷入绝境的古老的君主制度下推行一种新的经济政策。他们改革的主要目的是使财产、人力、资金得以流动，从而扩大法国乃至整个欧洲经济市场的体量，刺激消费，提高协议和合约的流动性，促进财产再分配及社会与各行业的健康发展。和其他很多人一样，比如塞鲁蒂家族（les Cerutti）、米拉波父子、杜·博斯（Du Bos）、特米苏尔·德·圣亚森特（Thémiseul de Saint-Hyacinthe），

① République des Lettres，成立于 17 世纪，是一个跨越地理界限的社群，欧洲和北美的许多文人学者透过书信和印刷品组成了这个庞大而松散的社群。——译者注

还有与他亲近的封斯马涅(Foncemagne),罗兹·德·尚图瓦索也参与到这个哲学世界中,他们对财政和经济发表灼见,并操纵着被编年史家巴舒蒙特(Bachaumont)称为“时疫”[15]的公众舆论。

罗兹与奢侈的普及

他们的斗争让他们站在了贵族特权的对立面,特权打着传统的名号,使社会被封锁、割裂、僵滞、分化。那个时候,论战先是聚焦于“麦子”和麦子价格的确立(1750至1760年),后转向了“奢侈”及其正确用法。丰富的出版物涌入公共空间,舆论视线数次转移:从文人共和国、伏尔泰、孟德斯鸠、卢梭、爱尔维修、达朗贝尔,到作品最晦涩的圣朗贝尔侯爵(le marquis de Saint-Lambert)、拉贝罗(Rabelleau)和杜·库德雷(Du Coudray)。

罗兹·德·尚图瓦索正是在这样的论战背景下出版了他的代表作《关于六个工艺行业固定场所与地址的一般年鉴》(*Almanach général d'indication d'adresse et domicile fixe des Six corps, arts et métiers*, 1769),并将

餐厅的创立“理论化”。同时，他也抨击了被贵族阶级错误理解和使用的奢侈，即一种保守的、局限的、专属于贵族精英阶层的奢侈。他反对的不是奢侈本身，而是独属于某个阶层的传统意义上的奢侈，一种阻碍整个社会经济发展的奢侈。相反，罗兹·德·尚图瓦索——“所有人的朋友”[16]，宣扬将“奢侈民主化”，通过资产的流通及贵族礼仪的传播终结专属特权。

餐厅试验的的确确发生在这样的背景下。我们清楚地看到，餐厅，这些一天中任何时候都能让单人食客在单人餐桌享用价格合理的浓汤的场所，是如何参与到这些论战中的。因为，这种新的餐饮形态打开了面向不同传统食品行业的市场，并将享受饮食的奢侈习惯和礼仪从贵族府邸普及到了普通人的餐桌上。这使食物在城市中的流通更自由，同时也促进了商家、执法人员、文人、自由新贵、艺术家、财产主管人和事务所职员等组成的新社会的运转。餐厅的诞生符合那些希望旧政权终结之人的期待。

但为什么是禽肉汤呢？为什么在普利街呢？就是在这里，罗兹·德·尚图瓦索的经济直觉与他餐厅老板的命运交织在一起：他到巴黎后不久，就娶了某位“埃内弗夫人”，后者家里经营着位于圣殿大道和夏赫洛街

的蔚蓝卡德安客栈 – 小酒馆（Le Cadran Bleu）[17]。那时，罗兹明白了人们吃的东西和就餐方式可以作为他宣扬的整体改革的支点。他和合伙人蓬塔耶先生 —— 一个真正的大厨 —— 一起买下了普利街的一家面包店，并在 1765 年秋天将其改为餐厅。

因此，他是餐厅的理论家、经济学家，同时也是餐厅最忠诚的新信徒，他于 1767 年撰写的作品《巴黎年鉴》（*Almanach de Paris*）和于 1769 年撰写的作品《一般年鉴》强调餐厅的重要性。作为自我推广的行家，尚图瓦索大肆赞扬罗兹餐厅，包括餐厅的品质、菜肴的健康、装修的优雅、服务生的魅力和餐饮系统前所未有的新颖。不过很快，他的大脑又被公共争论的恶魔占据，发表了一篇反对最高法院的文章，指出后者是拥有特权的败类。他为此付出了巨大代价：1769 年，巴黎最高法院的法帽主席让 · 奥梅尔 · 若利 · 德 · 弗勒里（Jean Omer Joly de Fleury）下令逮捕他，把他关在巴黎教区监狱好几个月[18]，罗兹 · 德 · 尚图瓦索的餐饮事业就此走向终结。

幸好有好几家很棒的餐厅将罗兹的理论付诸实践，它们很快在罗兹和蓬塔耶昙花一现的经验中找到了自己的模式。正是这些餐厅开启了巴黎餐厅的新纪元，汇集了一种简单、舒适、实惠的餐饮艺术以及更新用餐方式的意愿。被《一般年鉴》，也就是罗兹本人称作“第二位餐厅老板”的让－弗朗索瓦·瓦克辛（Jean-François Vacossin）也在格勒内勒街开了自己的餐厅；尼古拉·贝尔热（Nicolas Berger）接手了圣奥诺雷街的阿利格尔酒店，并和一位富有声望的女厨师安娜·贝洛（Anne Bellot）一起经营；我们已经提过，科利塞的休闲公园中也开了一家餐厅，该餐厅是18世纪70年代初所有餐厅中地位最高的；“大卫先生”（Sieur David）于1781年3月创建了帝国酒店，酒店里所谓的“餐馆老板大厅”有三十多张单人桌；罗兹·德·尚图瓦索的岳父让－巴蒂斯特·埃内弗（Jean-Baptiste Henneveu）经营的蔚蓝卡德安，也从小酒馆变成了一家餐馆。1775年5月，二十七张“铺有桌布的餐桌”和十个“小包厢”代替了曾经的多人大餐桌，从此可以迎接六十多位食客，任凭他们自由挑选菜肴。

至于尚图瓦索，他作为餐厅老板的特殊命运让他在有生之年以矛盾的方式最后一次回到了餐饮舞台。1806年1月，在《老饕年鉴》中，葛立莫为这位悲苦之人发出了感人的呼吁：“尚图瓦索先生，巴黎的第一位餐厅老板，今天处在贫困之中，他值得众多的追随者各出其力，给他凑上一小笔养老金……可以这么说，正是这个男人设想并创造了餐厅老板这个职业，他是尼科、罗贝尔、博维利耶尔、诺代、维利、巴莱纳等人如今能够赚得盆满钵满的主要原因；蓝带们的微薄付出能够让不幸的尚图瓦索过上比只满足基本需求要稍微好一些的生活。”[19]

美食家们和巴黎的主厨们为被遗忘的创立者恢复了名誉，这就是《老饕年鉴》书写的神话。然而当时没有人知道传奇已经写到了最后一页：两个月后，马蒂兰·罗兹·德·尚图瓦索还是在寂寂无名中陨落了。

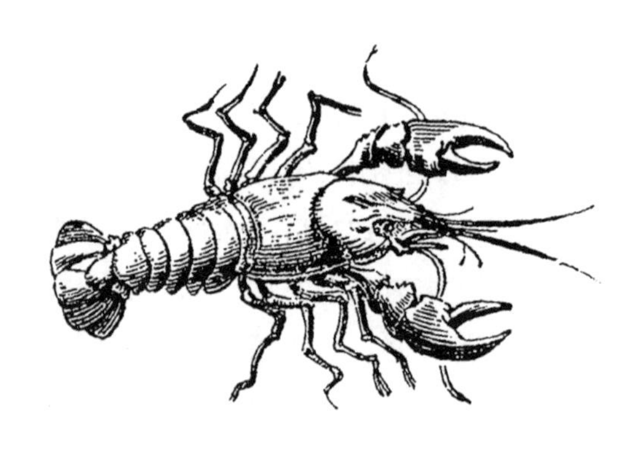

从“胃肠学”到“美食学”

如何理解新派法国菜

喜欢待在巴黎的美国人会注意到他们的法国朋友对一件事很感兴趣，这件事在他们看来十分稀奇、独特且充满异域色彩：法国人很喜欢聊自己吃的东西。

在一个讲述住在巴黎大学城的美国学生生活的短片《娜嘉在巴黎》（*Nadja à Paris*, 1964）中，埃里克·侯麦（Éric Rohmer）记录下了这个年轻女孩言语中流露出的惊讶："法国人让我震惊的地方就是他们对盘中之物无比重视。我有一些巴黎朋友，他们聊下顿饭要吃什么可以聊上好几个小时，然后去吃这顿饭，边吃边聊，吃完后他们会聊刚刚吃的这顿，最后再聊下顿要吃什么。"在这个关于巴黎人的小片段中，对烹饪的讨论不亚于对食物的讨论，这些讨论构建了一种餐桌社交，使美食话语变得和菜肴一样具有价值。

无论属于什么政治派别、什么社会阶层，法国人都喜欢聊他们吃的东西，有时甚至还会争吵起来。我们以巴尔扎克为例。面对一位急着喝掉别人刚为其满上的红酒的客人，他毫不客气地说："充满智慧的品论会让品尝更有价值。品论与否将心不在焉的食客和知道自己的肚子被什么东西填满的食客区分开来。"[1] 巴尔扎克对那位没耐心又没教养的客人是这么说的：

“朋友，这酒，要先好好看看。

—— 然后呢？

—— 然后要闻。

—— 然后呢？

—— 然后虔诚地放在桌子上，不要碰。

—— 然后呢？

—— 然后要评。”[2]

这种“了解”与“品评”让爱吃的人变得博学而幸福。其实早在巴尔扎克的饭局之前的18世纪中叶，饮食就已是一个名副其实的聊天话题了。一系列丰富的饮食文学试着推销最新的时髦嗜好——“新派法国菜”。有些厨师甚至让文人给自己当助手，这些文人可以说是最早的美食评论家，当时却被他们的对手戏称为“胃肠学家”[3]，甚至是“贪吃鬼”[4]。他们描绘并解释了另一种方式的饮食实践，从美学层面论证味道的丰富，将烹饪艺术当作味道精美的最高形式纳入美术范畴。人们把它称作“胃肠学”，即一种“胃肠的科学”。

这种对新派法国菜的保卫和诠释带来了一次重要而具有决定性意义的争论，该争论为餐厅的诞生提供了文化和人文背景。关于法国历史上这一享乐主义的论战时刻，狄德罗在他与朋友的聚餐中抓住了其精髓："有香槟，有快乐，有思想，又有完全的自由。"[5]这是幸福的集体生活的理想模式。

赞颂"新派法国菜"

一系列关于烹饪的作品改变了人们与食物的关系，渐渐地，一种特别的法国模式出现在餐桌上。[6]无论是在炉灶前工作的大厨，还是在纸笔间书写的大厨，他们的目的都在于更好地定义与描写他们所从事的工作，被人们理解，因此还创造并确立了一套用来谈论烹饪艺术的词汇。

从王室烹饪的经典作品——拉瓦雷纳（La Varenne）的《法国厨师》（*Le Cuisinier Français*，1651），到1730至1760年相继发表的关于餐桌现代化的专论，如文森特·拉夏佩尔（Vincent La Chapelle）的《现代厨师》（*Le Cuisinier moderne*，1735）、弗朗索瓦·马兰（François Marin）的《科穆斯的馈赠》（*Les Dons de Comus*，1739）和《科穆斯的馈赠·续》（*Suite des Dons de Comus*，1742），

以及梅农（Menon）的作品等，无不体现了餐饮领域发生的巨大变化。这些兼具了实践性、教育性和历史性的作品，如《烹饪新论》（*Nouveau traité de la cuisine*，1739）、《布尔乔亚厨娘》（*La Cuisinière bourgeoise*，1746)、《烹饪历史与实践专论》（*Traité historique et pratique de la cuisine*，1758）等，获得了巨大成功，其影响力持续发酵。

上述变化说明了一个群体已经形成，他们欣赏"新派法国菜"，认为这是烹饪语言的更新、烹饪艺术的巨变，在以一种严谨又讲究的方式自我命名的同时也变得简单了，从王公贵族的专属餐桌转向了众多食物爱好者的餐桌，价格不那么昂贵，分量令人满意，食物同样美味。

从 1674 年发表的《款待之艺术》到 1730 至 1760 年发表的专论之间，餐饮世界改变了。前者看重贵族的排场、菜肴的丰盛及餐桌上的礼节，对粗茶淡饭嗤之以鼻，甚至愤怒地斥责："去喝一碗光秃秃的汤，什么料都没有，也没有任何装饰，天啊，为了省点钱，真小气！"[7] 然而在提到凡尔赛宫、圣克卢宫和枫丹白露的皇家宴会时，神魂颠倒的作者却脱口而出："资产阶级的调味品比这可差远了！"[8]

至于后一类作品，则试图通过普及餐桌文化来扩大其受众群体。在《科穆斯的馈赠·续》中，弗朗索瓦·马兰倡导一种与时俱进的餐饮："奢华的宴会对很多人来说可能不太适合，比如家境一般的资产阶级、工匠，以及其他生活简单、不怎么讲究的第三等级公民，他们常常不太懂饮食。说到这里，我认为应该给资产阶级烹饪艺术做一个概括：一方面是经济实惠，这是很重要的一点；另一方面是让享用好吃又新鲜的食物变得更方便，同时给予食物适度的关心与注意。"[9]

梅农书写了两种截然不同的餐饮方式：《宫廷宵夜》（*Les Soupers de la cour*，1755），一部关于奢侈的作品，是献给为王公贵族服务的膳食官员的；《布尔乔亚厨娘》，一部取得了巨大成功、见证了时代变化的专著，在出版后四十多年间发行了三十二个版本，后二十年又有了其他三十多个版本，这意味着整个18世纪下半叶就有近95000本在流通。

酱汁的列表减了一半，但在健康层面和价格层面都更具优势："在太过讲究的饮食之后，健康成为主流，资产者也从中受益，他们花一点钱就能吃上丰盛的菜肴，远离病弱。"[10]这一朝向简约、朴素的转变打着社会的旗号，但说到底是对时代风尚的庆祝，因为无论是新派餐饮的目标群体 —— 资产阶级，还是王公贵族，都为“新派法国菜”所折服。

1742 年，梅农用“新派法国菜”给自己的作品《烹饪新论》的第三卷命名。他认为“投入新派菜的厨师比坚持老旧方式的厨师更讨喜”。烹饪上的“新”以菜肴和口味的转变为前提，同时也关乎人们谈论饮食、诠释饮食的方式。菜谱研究展现了 18 世纪中叶的创新之处，即对蔬菜、水果、乳制品、红肉的喜爱，以及调味方式的变化，这一切都传达出一种简单化、自然化的意愿。酱汁的口味从辣、酸、甜中带苦变为更醇厚、偏甜，甜咸对立成为基本的分类原则。

关键在于厨艺上的“精细”，也就是说更尊重食材本身的味道。真实性原则意味着每道菜、每种食材都有其独特的口味，这些口味是可以被感知和识别的，然而旧式调味品的味道“粗陋”、太过浓烈，搅乱了人们的味觉，因此逐渐失势。

新派菜不推荐使用香料，反对用甜味酱汁遮盖肉本身的味道，将水果改到饭后吃。18 世纪末，餐前只会提供三种水果，即甜瓜、无花果和桑葚，而且都是蘸盐食用。

此外，奶酪也不再是甜品的一部分，而是拥有了自己独特而专属的位置。最后，食用香草（欧芹、小葱、百里香、月桂）取代了异域调味料（藏红花、柿子椒、高良姜），黄油则因其勾芡功能和作料角色而变得不可或缺。

《哲学口袋词典》（*Dictionnaire philosophique portatif*，1764）中介绍了这些口味和风味范式的调整："不懂吃的人只在乎特别刺激、特别强烈的调味，就像不懂艺术的人只喜欢矫揉造作的装饰而不了解自然之美。"在这样的转变中，出现了一系列比往常更丰富的味道。

随着新派菜的出现，烹饪专著也有了多个转变。作品中增添了插图、版画和草图，可以更清晰、更具象地展现烹饪流程，从而让菜肴显得更加诱人。作品形式的变化则体现在两个层面，互补而不冲突：相比多卷的大部头（拉夏佩尔的《现代厨师》五卷，梅农的《烹饪新论》三卷，《科穆斯的馈赠》及其续篇……），出版更多的是小手册，比如《布尔乔亚厨娘》的多个版本，以及《文化厨师》（*Le Cuisinier instruit*，1758）、《烹饪口袋词典》（*Dictionnaire portatif de cuisine*，1767）等。同时，这些作品也更具专业性了，特别是涉及如甜品店、冰糕店等专门店的论述，其中以《冰激凌制作技艺》（*L'Art de bien faire les glaces d'office*，1768）和《糖果店老板》（*Le Maître d'hôtel confiseur*，1770）这两部最为重要。

不过，新派菜最主要的转变还在于描绘烹饪的语言更具学术性了：创立了最初的口味分类，摈弃了混杂，区隔了味道，划分出甜味、咸味和苦味，而且变得更为精妙，包含了对感觉的罗列、味蕾的比较和菜肴隐喻的再创造。所有这些具体的词汇能让烹饪语言更好地描绘和列举食客的感受。

如此这般，“烹饪的一个新纪元”正在酝酿中，烹饪的血液不再因为“旧日饮食中燃烧的酱汁和辛辣的炖菜”而沸腾，香料不再人为地侵占“衰退而懒惰的味蕾”。从那以后，烹饪宫殿“散发出香气”，展现出食材本身“更健康”[11]、更自然、更真实的味道，更具感官享受。若如弗朗索瓦·马兰所说，新派菜是“一种化学物质”[12]，那么谈论它的新方式应该是既创新又严谨的，能体现“酱汁的灵魂”[13]。

《科穆斯的馈赠》这样描述菜肴与“胃肠学”之间的联系：“如今，在餐饮从业者和洋洋自得地谈论健康饮食的胃肠学家那里，我们辨认出一种相同的、统一的现代餐饮……这种建立在旧时餐饮基础上的现代餐饮，没那么多装腔作势，没那么多过度处理，在保证丰盛的同时变得更简单、更洁净，在关于烹饪艺术的字里行间也显得更具学术价值。”[14]

弗朗索瓦·马兰将新派菜的特征、对其清晰的解释及对其感觉的描述结合在一起。他写道：“我享用一些简单、好吃又新颖的菜肴，然后对它们做浅显易懂的解释，让不了解这些菜的人也能够明白。我尽量避免提及费用，注重简化烹饪方法，并特意将在我看来在某种程度上不应归于奢侈行列的菜肴降级到资产阶级层面。书既要体现饮食健康，也要展现菜品的外观和口味，让所有人在阅读的时候都能感觉得到。”[15]新派菜能使烹饪变得简单，是因为它更知道如何对口味进行分类，并且更能让人感知这些口味。

当烹饪披上法式外衣

人们不仅在谈论新派菜或描写新派菜，他们同样也在争论。正是这些争论赋予了新派菜毋庸置疑的巴黎属性。18 世纪中叶，伦敦人吃得很好，甚至比巴黎人更好，还发表了一系列烹饪论著，特别是菜谱集，但是盎格鲁－撒克逊的用餐礼节和非常“英式”的礼仪手册教导人们不要谈论餐盘里的食物，也不要谈论菜单里的菜肴。

很长一段时间里，法国人同样遭遇了这种关于饮食评论的禁忌，这是一种基督教伦理道德承袭的、源自古代苦行主义传统的礼仪规范：餐桌上，适度和克制准则让谈论食物显得很不礼貌。

用餐时一定要保持安静，并避免任何事端，比如谈论可能引起宾客不快的话题。1537 年出版的《礼仪汇编》（*Registre de civilité*）中提到：“饭桌上不要说任何影响品用佳肴的话。交谈时触及他人名声更是不妙。也不应该对任何人说自己偏好和讨厌的口味。”[16] 还说“批评或赞扬（我们盘中的）肉菜很不文明”。1672 年的《礼仪汇编》中写道：“用餐时，评论肉菜、酱汁或一直谈论食物都非常失礼，这是灵魂贪婪低贱的表现。”拉布吕耶尔在《品格论》（*Les Caractères*，1688）中借克林顿这个人物之口说：谈论自己喜欢吃什么的人“是没有教养的人”。瓦瑟农修道院院长甚至怒斥，你能想象耶稣在进最后的晚餐之前评论菜肴吗？

这一“谈吃的禁忌”在 18 世纪的法国灰飞烟灭：

1739年至1754年，一场关于新派菜的争论在哲学家的餐桌上上演，而后出现在十几本作品和小册子中，封禁“谈吃”的锁由此打开。从此，当整个巴黎都在打着“美食学”的名号谈论烹饪时，新派菜成了法式料理的代名词。在梅农看来，这种新派菜首先是一种法式料理：一方面是因为“法国是烹饪革新的地方——人们不会质疑新派菜的卫生和精致程度，这是其他地方所没有的”[17]；另一方面是因为巴黎出现了大厨之间的“笔战”和民众之间的“舌战”，特别关注人们吃的东西和吃的方式。巴黎“对美食的讨论是最全面的”[18]。

这场争论延伸出一对重要的“联合”关系（抑或敌对关系），即大厨和文人对巴黎美食的共同创造。因为他们都希望攻击自己的对手，或以令人信服的方式为自己辩护，所以大厨向文人求助，请对方为其撰写序言、引语或将美味佳肴转化成文字。第一个与文人联合的人是弗朗索瓦·马兰，苏比斯元帅酒店的主管，他在1739年发表的《科穆斯的馈赠》的开篇放上了两位耶稣会会士写的一份《告读者书》。让-克洛德·博内（Jean Claude Bonnet）也在他精彩的作品《美食与饥饿：食物的历史与象征（1730—1830）》（*La Gourmandise et la Faim: histoire et symbolique de l'aliment 1730—1830*）中采用了类似的方式。

在对新派菜的辩护与说明中，路易大帝中学的老师皮埃尔·布吕穆瓦（Pierre Brumoy）和历史学家、编年史家纪尧姆-亚辛特·布容（Guillaume-Hyacinthe Bougeant）构建了关于美食学的语言。该语言有新词，有插图，与传统语言有着细微差别，以批评艺术为范式："如今，大厨的技能在于分解，在于进行浸提和纯化，提取肉中最具营养而口味轻盈的部分，再把这些部分混合起来，每种味道都不占主导，但都可以尝到；最后使其口感和谐，就像画家在画作中让各种色彩完美统一一样。不同风味组成一种既美妙又讨人喜欢的味道，达成浑然一体的和谐。"[19]很显然，美学基调在此得到重视。美学彼时已然是个时髦领域，绘画沙龙上涌现的大量美学评论证明了这一点。因此，为了让新艺术和新艺术评论升级成崇高哲学，美学基调是最合理不过的。在新派菜的拥趸和编年史家看来，烹饪从今以后应该在美学范畴内占据一席之地。

确切地说，这种雄心壮志引起了激烈的辩驳和广泛的争论。这一争论一方面把烹饪置于一种模糊的地位——"物质艺术"或"没有艺术的艺术"，另一方面也将其变成一个重要的主题，每个人都可以对此发表意见。烹饪是一种艺术吗？大厨、美食评论家和美食爱好者是艺术家吗？新派菜的拥趸带着激情提出了这一系列问题，然而无论拥趸是何身份，公共舆论的回应却常常是负面的。

“公共舆论之王”伏尔泰就非常严厉地指责大厨的“雄心壮志”，在1765年写给阿尔图瓦伯爵的信中，他“承认，我的胃不能适应新派菜。我接受不了腌渍在咸酱汁（一点都不甜）里的小牛胸肉，也无法咽下用火鸡、野兔、家兔肉制成的肉糜，（厨师）还想让我把它当作完整的一块肉。我不喜欢被压扁后的烤鸽子，也不喜欢没有面包皮的面包。至于烹饪方法，我不能忍受火腿香精或羊肚菌香精，菜本身就很好吃了，为什么一定要加上这些东西”。[20]

同样，路易－塞巴斯蒂安·梅西耶对“任何成为自己肠胃奴隶的人”[21]极尽讽刺。从“吃什么”这一角度出发去理解和阐述世界的意图激起了哲学界的不满。将理性放在宇宙中心，可以接受，但是将胃口放在宇宙中心嘛……在《巴黎图景》的《美食家》一章中，梅西耶描绘了一个因“过于精细”而堕落的男人的疯狂与傲慢：他从肉中找出最精华的部分，就像一只耳朵训练在音乐中区分半音”，他“以贪恋美食为荣，他发自内心去怜悯的不是饿肚子的人，而是吃粗陋食物的人”。[22]

“胃肠学”似乎去了别的国家，在那里，穷人饿肚子，爱吃之人则被怀疑生性浮浅和做作，是对社会的一种背叛。“屈服于自己制造出来的虚假饥饿”是无用且有害的，只关注个人和自我的幸福是对公共利益的妨碍：“当他的厨师生病了，他就经常去叨扰医生，恳切地祈求医生不惜一切代价去治愈一个人，他把这个人看作第二个自己，看作人生的幸福。”[23]

这些高明的大厨和“贪吃鬼”被视为装风雅之人，沦为了笑柄，他们在一个颓废的小圈子里努力，也为了这个由“一些过度追逐享受和极为挑剔的人”组成的小圈子而努力。[24]我们在《百科全书》——出版于1751年的开放性的哲学大成之作——中看到了如此戏谑的话语，打着苦行、理性和传统的名义，激烈地抨击新派菜的拥护者、实践家和理论家[25]。

若古骑士（chevalier Jaucourt）在1754年发表的《烹饪》(*Cuisine*)一文中，将过度烹饪视作顶级的花招，宣称“这是一种讨好味蕾的手段，一种奢侈的享受，我在此说的就是一些‘胃肠学家’如此重视的美食上的奢靡”[26]。制造饥饿是不道德的，因为那么多的穷人正在因真正的饥饿而死亡。若古骑士把新派美食与“世界伊始的简单饮食”相对立，认为它只是一种“虚假的艺术”。

狄德罗甚至全然拒绝将烹饪纳入知识和美学维度进行考量，在《美》（*Beau*）一文中，他毫不犹豫地将烹饪从“品味鉴赏”中排除。不久之后的康德也是如此：“人们说一道菜很美味、一种味道很诱人，但不会说一道美丽的菜、一种美丽的气味。因此，当我们说这是一条漂亮的多宝鱼时，我们评价更多的是鱼的其他品质，与口味和嗅觉无关。”[27]“味道的品尝”和“味道的鉴赏”属于两个范畴，前者是感觉，后者是思想，完全不同。诚然，一道菜可能因为它体现了一种具体的烹饪技巧、一种传统技艺或手工技法而受到好评，《百科全书》中也有很多关于这些具有价值的“技艺”的插画和描述，特别是厨师的技艺，然而，厨艺的成功与绘画或音乐的成功不可相提并论，因为前者是一种和知识、思想、审美无关的享乐。让－克洛德·博内写道：“他们就这样否定了美食学的精神维度，站到了十五年前与大厨联手的文人的对面。”[28]

历史很快就会给美食家们的辩护词以毋庸置疑的合理性，但在18世纪中叶还显得为时过早。虽然狄德罗很喜欢吃，但他在朋友霍尔巴赫男爵（baron d'Holbach）家吃饭时，却从思想上把“爱吃”打入尘埃。他还没有做好视烹饪为艺术的准备，也没有做好将美食评论上升到哲学高度的准备。相比新式烹饪和味觉美学思想，对奢侈守护者的道德谴责、对美食爱好者自利主义的社会斥责依旧占据上风。不过，将烹饪置于争论中心，产生了一些影响广泛、观念冲突强烈的论战，最初的美食学家介入其中，占据了一块地盘，并很快在这块地盘上构筑了餐桌新实践的胜利，另一种谈论盘中餐的方式获得成功。为此，需要等待哲学家们重新出现在餐厅之中。

美食学“正当化”

“胃肠学”发展为“美食学”；从前被认为浅薄的饮食言论如今被当成口味评鉴而得到认可，甚至成了新时代的一门科学。这一切是在两位巨头的庇护下实现的，他们就是亚历山大·葛立莫·德·拉·黑尼叶和让·安泰尔姆·布里亚－萨瓦兰。

虽然“美食学”一词实际是到了1835年才在《法

兰西学院词典》第六版中出现，但在旧制度时期关于“胃肠学”的讨论中，美食学“正当化”已初见端倪。葛立莫·德·拉·黑尼叶在近半个世纪的时间中引领了美食学的发展，并将其付诸笔端，贡献了自己的才华和能量，是旧制度下餐饮界不折不扣的权威人物。[29]

为了接触到一系列出色、惊人、古怪的餐食，这位富有的年轻人让自己成为被讨论的对象，进而宣示他本人的终极使命就是评论美食。他决心以别的方式成名，与受到非议的包税人家庭保持距离，与没有眷顾他的命运对抗。葛立莫的手有些缺陷（那个时代有人称他是“鹅爪手”[30]），因此他不得不在公共场合佩戴手套，不得不借助一个机械设备来完成他生活中最主要的两个活动：吃饭与写作。美食学的正当性同样也得到了这个让人啧啧称奇的“人机共同体”的推动。

1783 年 2 月 1 日，一顿“著名的晚餐”让他得以在二十五岁时跻身巴黎餐饮界。这顿晚餐包括十四道菜，依次上桌，餐桌上点着四百根蜡烛。十七位客人收到了“葬礼邀请”，但是“代替死人头的是大大张开的嘴”。“德·拉·黑尼叶夫人有幸邀您参与她刚刚失去丈夫的痛苦。”[31]葬礼是一顿晚餐，葬礼列队将宾客带向晚宴的东道主，“他因为舌尖上的快乐而复活”[32]。这是一种对传统习俗的滑稽模仿。用餐是一种公共行为，根据《秘密回忆录》（*Mémoires secrets*）一书记载，葛立莫和他的朋友——一位女歌唱家——一起，准备了一个长廊，让观众欣赏奇特的典礼。他们分发了三百张请帖。

葛立莫接着邀请一些富有的贵族朋友参加这类用餐仪式，仪式吸引了许多知名作家，这些作家都希望在自己的专栏中描写这场特殊的晚餐，特别是梅西耶、博马舍、帕里索、雷蒂夫、舍尼埃、科林·德·哈雷维尔（Colin d'Harleville）。

很快，另一个习俗同样为葛立莫带来了一些名声。葛立莫将之称作“哲学午餐”或“周三午餐”，他认为这是一种“半营养”[33]餐食。1783年到1786年间，每周三，爱思考的人和喜欢高谈阔论的人围坐在一起喝咖啡，喝茶，吃面包和牛腰肉。这些人在进门的时候，把所有表明身份的标志放在一边（如装饰物、配件、绶带），从而在智识与味觉平等的氛围中融洽相处。宾客们在午餐时聊自己看的书，聊时下热门话题，当然免不了争论，特别是聊到他们吃的东西时，如同葛立莫在《哲学之镜》（*Lorgnette philosophique*）中描述的一般。

通过这些颇具仪式感的饮食评论，旧制度时期的“胃肠学”发展为新时代的“美食学”，并被视作“味觉审判”而逐渐为人认可。可以说，在此期间，餐厅的飞跃发展给美食学这一论说提供了具体而有权威性的基础。大革命、议会、法院、司法机构特有的司法形式和立法意愿或许也在葛立莫的计划中扮演了建模角色。这个男人既不是改革派，也不是共和主义者，他只是将新时代看作一种认识论模式，一个新政治－司法词汇的巨大容器，足以用来命名他希望实现的美食新政体。

此后，“周三午餐”的讨论延续。1802年，一个“品味评审会”成立了，成员们每周在葛立莫家或蒙托盖伊街区的康卡勒岩石餐厅（Rocher de Cancale）相聚，“革命午餐”刚一吃完，就会收到来自“美食家学院”的口味评判请求，还会在每年发表的《老饕年鉴》中得到反馈，从某种意义上说，《老饕年鉴》是葛立莫的官方公报。

就这样，葛立莫构建了美食学的“正当化”，他将这个属于外交领域的新词纳入到“美食词典”[34]中。“正当化”有三个要素，即学院、评委会、刊物，这三者是美食学的基石。

在1804年和1805年分别出版的第二本与第三本《老饕年鉴》的序言中，他解释了这三个要素的运作方式，书名页上的版画也勾勒了这个“由相当多的下颌组成的评委会”的聚会场景。他写道：“我们可以看到，这些从美食家学院来的先生正在用餐，忙着品尝不同的菜肴——其发起人（通常是大厨）希望被人熟知、享有名声、成为《老饕年鉴》中为人称道的对象。他们此刻正在品尝肉酱[……]我们在他们的脸上看到了思考时的深邃，这是任何一位经过相关训练的美食家都应具备的特征。另一张桌子旁坐着一个誊写人，正根据学院秘书会传递给他的内容起草评审结果。秘书正转向他，口述内容让他记录。秘书对面坐着主席，主席摘录品评委员会的评论。”[35]对画面具体的描述既展现了烹饪界的景象，也展现了司法界的布局，对正当化的明确诉求成为现代美食评论的基础和特色。

葛立莫的作品大获成功，《老饕年鉴》《美食日历》（*Calendrier nutritif*）、《美食路线：一位美食家在巴黎街区的漫步》（*Itinéraire nutritif: Promenade d'un gourmand dans divers quartiers de Paris*）充分体现了美食创新的影响和价值。一个真正的文学语料库诞生了，东道主本人在写给屈西侯爵的一封信中也意识到了这一点："《老饕年鉴》和品鉴委员会的美食评论之所以获得成功并大受欢迎，第一是因为他们展现了另一种风格的写作，一种有别于大厨们的写作；第二是因为人们看到了另一种形式的写作，而不是总以'快入座、趁热吃'为结尾的菜谱；最后是因为人们第一次以'美食文学'为名进行写作。"[36]

葛立莫建立的美食学不是一门科学，而是一种风格、一种书写、一种文学。他这样反驳一个建议他把植物学作为艺术分类模式的记者："植物学是一门确定的科学，一切都存在于事实和观察之中。烹饪完全不同，一切几乎与味道的变化和艺术家的想象联系在一起，它提供了许许多多转瞬即逝的细微差别。"[37] 葛立莫以团体仪式组织起来的美食学，通过口味评鉴机构得以正当化，经由特定的媒体得以传播，更重要的在于其"转瞬即逝的细微差别"之精巧与无可比拟：美食学唯一的权威是文学上的；文笔的质量和风格带来的感受至关重要。

但是科学、历史、哲学对美食学的"正当化"来说同样必不可少。责任落到了布里亚－萨瓦兰身上，他通过自己的思考与写作从这些层面构建了美食学，将它放在一个更专业、更学术的语境下考量。他在某种程度上从葛立莫及美食家学院那里吸取了历史教训和理论经验。1802 年到 1803 年，学院的美食家们创造了新词：1802 年，“美食家”（gastronome）一词出现在品味评审规则的附加文件中；1803 年，巴黎书店的书目里记录了《美食学》（*La Gastronomie*）这部作品；1807 年，“美食的”（gastronomique）这个形容词用于描述一顿好吃的餐饭。

和葛立莫一样，布里亚 - 萨瓦兰[38]是一个属于旧制度的男人：1755 年生于安省贝莱市，当过法官、制宪议会议员，是温和派和保皇主义者，为了躲过恐怖统治逃到美国。督政府时期，他回到法国，成为最高法院法官。他是美食学的理论奠基人，当然，他本人的品味也很不错。他给美食学定下了历史和科学的框架，在新时代背景下赋予美食学一种特有的角色以及具体的定义，后者尤为重要，因为它几乎起到了“开化”的作用：“美食学是一种所有与人类饮食相关的理性认识，其目的在于通过尽可能好的食物来保护和维持人类的生存。为了实现这一目的，它依据一些原则去指导那些寻找食材、提供食材或准备将食材变为食物的人。事实上，它指导了耕种者、葡萄种植者、渔夫、捕猎者和厨师等职业的行动，无论这些职业的从业者是以什么名义和资格来解释他们对食物的处理。”[39]

美食学确实是一种新的饮食方式的轴心，它向一种全新的文明开放，伴随着自己的时代而生：“美食学取决于自然历史、物理、化学、贸易和政治经济。国家的命运取决于人民吃什么样的饭。”[40]

在这个经过推敲又雄心勃勃的框架里，美食学成为生理学，特别是味觉生理学的重点。布里亚-萨瓦兰在他著名的专著《味觉生理学》中对此进行了分析。这部作品发表于1825年，就在他逝世前几个月。作者从历史维度，甚至从历史编纂学这一维度对味觉进行了考量。除此之外，他还专注于建立一种“综合科学”，用以平衡享乐和健康，并通过“人类营养法则”的分类，将美食转变为一种对世界和社会的理性认识。

在提到让他获得“吃”之最精华部分的“哲学蒸馏”时，布里亚-萨瓦兰说道：“人们开始区分爱吃美食和贪婪贪吃的区别，将爱吃美食视作一种人之常情，一种让东道主愉悦、对宾客有益且对科学有用的社会品质。美食爱好者可以和其他爱好者平起平坐，享有其独特的喜爱对象。”[41]

因此，味觉生理学首先是对吃的本质，即消化机制的研究。食物——如果质量上乘、经过精心准备（确切来说这些属于美食批评的对象）—— 是一种维持生命的实体，通过这一实体，人类得以延续，人类历史得以发展。罗兰·巴特在《读布里亚－萨瓦兰》中做了精彩的分析："《味觉生理学》的整个烹饪思想体系给自己装备了一套医学、化学与形而上学的知识，一个简单的关于精华的概念，即味觉精华。"[42] 提取精华、精粹，这一炼金术士的古老梦想，让布里亚－萨瓦兰印象深刻，他很欣喜地将之作为通用的解决方案：食物浓汁在他那里几乎有一种神圣的光环，无异于打开所有知识的钥匙。

总而言之，由历史、科学和哲学慢慢构建起来的美食学，给予了这个男人一把普罗米修斯之火、一味至高无上的浓汁、一种味觉生理学，以及一种享乐的感觉。布里亚－萨瓦兰描述道："这是一种来源于组成我之存在的所有微粒因为美味而发出的颤抖。这是一种美妙的酥麻，从嘴巴出发，通过味蕾，朝向皮肤，从头到脚，深入我的骨髓。我好像看到了一种紫罗兰色的火焰在我的额头四周舞动。"[43] 在这团紫罗兰色的小火苗中，诗意再次发光，融入美食享乐。

最好的证明是一部有着四个章节的长诗，长一千五百行，是葛立莫的朋友、萨瓦兰的读者约瑟夫·德·贝尔舒于1803年写成的。诗名就叫《美食》：

我要赞颂用餐的人，
描绘装饰餐食的方法；
我要讲述为盛宴增趣的奥秘，
去升华友谊，去无尽享乐……
在温柔的醉意中胡言乱语。

就这样，美食学不仅找到了其专属批评的奠基人和理论学家，同时找到了赞颂其细腻与享乐的诗人，找到了为它写下属于它的《伊利亚特》和《奥德赛》的荷马。

菜谱

美食家系列

下面介绍的是美食艺术奠基人亚历山大·葛立莫和布里亚–萨瓦兰最喜欢的两份菜谱。第一份是位于蒙托盖伊街的康卡勒岩石餐厅为葛立莫制定的，第二份是皇家宫殿附近的勒加克餐厅（Le Gacque）的老板为布里亚–萨瓦兰制定的。

葛立莫的美味猪排

100 克帕尔马奶酪碎，150 克面包心，30 克龙蒿粉，100 克杏仁粉，10 颗鸡蛋，1 千克猪排切薄片（约 75 克每片），8 个番茄，4~6 个口蘑，面粉，淡奶油，欧芹将100克帕尔马奶酪碎、150克面包心细屑、30克龙蒿粉和100克杏仁粉拌匀。碗中打2个鸡蛋，搅匀。1千克猪排切成十三四片，每片约75克，拍扁，两面撒少许盐和胡椒粉调味，抹上面粉，然后充分裹上预先备好的混合粉料。平底锅中放入黄油，煎肉片，每面煎两分钟,煎至两面金黄,起锅。8个番茄对半切开。4个大口蘑切片，放入平底锅，用黄油炒制，再加入淡奶油和黄芥末调味，撒上欧芹。煎8颗鸡蛋，口感要柔软。准备8份塔饼。猪排搭配番茄、蘑菇均匀放在塔饼里，再把煎蛋放在猪排上。可以享用啦!

布里亚-萨瓦兰的小牛腿肉

2磅小牛腿肉，4个洋葱，水田芥，3只老鸽子，25只螯虾，黄油，1升牛肉清汤

取小牛腿肉2磅，按长边连骨带肉切成4段。锅中放入4个切成圆片的洋葱和一把水田芥，再放入牛肉一同煎至焦黄。快熟时，倒入3瓶水，烧开后炖煮2小时，中间注意及时补充热水，撒适量胡椒和盐调味。

另一边，分别捣碎3只老鸽子和25只新鲜螯虾，加入少量黄油，将鸽子肉和虾肉煎至金黄。最后倒入牛肉清汤，淹没食材，再炖煮1小时。

餐盘里的社会

从贵族金口到美食革命

在现代餐厅的发展和法国菜的变革中，法国大革命是关键的一环。尽管这么说似乎有些矛盾，因为与旧世界决裂，就应拒斥旧制度时期的生活方式和相关人物——餐馆老板正在其列，他们中有很多曾为王公贵族或特权阶级服务，而且他们还倡导保留贵族的仪式、习惯和排场，根据传统膳房里开发的菜谱烹制最精美的菜肴。说到底，满足“胃肠学家们的辘辘饥肠”，发明人为的、违背自然的调味，追求感官和美的享受，难道不是在侮辱真正的饥饿，侮辱18世纪60年代以来乃至1789年到共和二年那些因小麦危机而真正忍饥挨饿、渴求公共权力倾听和保护的民众吗？因为以上种种，餐馆老板应该能意识到大革命的发生和共和国的建立。

此外，也有一些故事反映了这种不利于餐厅发展的历史转变，比如安托万·博维利耶尔的故事。博维利耶尔在皇家宫殿开了18世纪80年代最负盛名的一家餐厅，餐厅的成功招来众多忌恨，特别是成为国民自卫队队长的诺代先生。1793年秋天，诺代收集了博维利耶尔的一个罪名：流亡贵族，曾受雇于皇亲国戚普罗旺斯伯爵。博利维耶尔很快被逮捕，在巴黎裁判所的附属监狱没关多久，他就听说自己的餐厅被没收了，诺代成了餐厅的新老板，同时还留下了那块极具号召力的招牌——“博维利耶尔餐厅”[1]……

不过，虽然政治决裂来得突然，但餐饮世界的历史却惊人地延续下来：罗伯特餐厅、班瑟琳餐厅、梅奥餐厅、普罗旺斯三兄弟餐厅、勒加克餐厅、维利餐厅、博维利耶尔餐厅在大革命期间依旧开门营业，而它们的主要竞争对手——熟食店老板却在1789年后走向没落。虽然餐厅的诞生早于大革命，但大革命为餐厅再次提供了发展的契机：餐厅越来越多，特别是皇家宫殿这个靠近巴黎和法国新政治中心、又与国民议会相距仅仅几步之遥的区域。旧制度时期的最后几年，巴黎的餐厅有十五家左右，到了1789年秋天有五十家，十年后有三千家。这里，我们发现了一个有待说明的悖论，即大革命为什么会成为餐厅飞跃的“因素”，又是怎样通过推动正在进行中的餐饮运动以及重建大厨与金主之间的关系（金主不再是皇室贵族，而是餐厅的客人）来促进餐厅发展的？[2]

“贵族－民主之热情”

餐厅的诞生和发展不仅反映了政治环境的转变，还见证了礼仪的进步，后者体现为贵族阶级活动、习惯和价值的平民化。贵族的餐桌作为一种范式，在大革命政权革新者梦寐以求的纳税社会中找到了适合它的形式。每个精英都可以享受同样的宴饮之乐，因为餐厅让贵族个人府邸的餐桌礼仪进入了资本主义世界。

我们知道，巴黎餐厅的先锋者们几乎都来自传统餐饮系统。大革命之前，博维利耶尔离开普罗旺斯伯爵，开了自己的餐馆；1791 年，梅奥离开奥尔良公爵，开了自己的餐馆；孔代亲王府邸的前大厨罗伯特亦是如此。1789 年 7 月 17 日，出逃流亡的孔代亲王解雇了一批厨师、烤肉师、酱料师、甜点师。同年年底，亲王的膳食总管罗伯特在黎塞留街104号开了一家餐厅。在让－保罗・阿隆看来，正是这一转变“开启了新的饮食制度”[3]。

普罗旺斯三兄弟中的两位曾经在孔蒂亲王的领地工作，1786 年，他们在爱尔维修街（如今的圣安娜街）开了一家有名的餐厅，餐厅后来搬到了博若莱长廊，距离皇家宫殿仅两步之遥。安托南・卡雷姆也是同样的情况，他曾为欧坦教区前主教、后任外交部部长的夏尔－莫里斯·德·塔列朗－佩里戈尔效力了几年，之后很快成为新的精致烹饪的代表人物。法式料理诞生于贵族文化背景下；餐馆老板的经历映射了 18 世纪末到 19 世纪初法国社会与文化的巨大转变。

大革命加快了这一进程。从 1789 年夏天开始，直至新政权成立最初几个月，大贵族们流亡各处，他们的厨房纷纷关门，曾为他们服务的有名大厨走上街头，在正处于扩张中的餐饮市场上寻找机会。于是，新的市场打开了，而且风头正劲。那一阵子，人们在沙龙和大量的作品中只谈论吃。对吃的需求日渐增多，旧制度时期的餐饮行业体系与特权系统被 1791 年 6 月 14 日国民议会颁布的《勒沙普里安法》（*Le Chapelier*）击了个粉碎。通过经济学家尚图瓦索的创举以及他反熟食店、反贵族餐桌特权的战斗，重农主义关于市场自由与流通性的伟大梦想在餐厅找到了落脚点，终于有了实现的可能。大革命期间，经济领域和社会领域挣脱了以前的束缚，在此基础上，餐桌完成了现象级的飞跃。

转变同样体现在文化层面：厨师们通往名望、地位和财富的道路不再非得遵循以前的恩宠之路，不再需要获得王公贵族的青睐和庇护。从那以后，餐厅老板们争取的对象成了顾客。这些会去皇家宫殿吃晚餐的食客数量更多，但与贵族一样富裕。这个转变推动了厨师这一职业的发展。为了讨食客的欢心，新派菜开始关注菜肴是否精致，是否适应了社会新的变化和礼仪，以及如何在公共空间中实现私密性与公开性之间的平衡；吸引食客、获得名誉、稳固忠实客户群的重要性不言而喻。这一切的实现同样要依靠不断发展的美食文学。

从这个意义上说，大厨是手工业者，其财富的实现与制作酱汁和炖肉的真才实干挂钩。但大厨同时也是艺术家，在社会转型和艺术作品纷纷呈现的时候，他们与画家、音乐家和演员成了命运共同体，都在寻找新的受众。像大卫、戈塞克或塔尔玛这样的艺术家，不再靠王公贵族给的俸禄、当家庭教师的薪酬、做议员或学术陪审员的收入为生，而是通过大众对他们工作的评判与艺术批评家的书写，使他们被看到、被听见以及出现在艺术爱好者的视线里，进而赋予他们的作品一种真正的价值，使之进入艺术市场。就像英国历史学家斯蒂芬·曼内尔所说："厨师职业的转变，在几乎同时代且更为人知的作家、音乐家、画家和艺术家的社会角色转变中找到了参照。”[4]

1808年出版《东道主手册》时，葛立莫就意识到并分析了“贵族习惯向大众迁移”的过程：“夜夜让首都空气变得美味、提供营养餐食的圣奥诺雷街区（贵族街区）”，“自大革命以来成了巴黎最负盛名的法国菜的大本营”[5]。

在这部作品中，葛立莫试着解释“大部分餐厅的起源”。他当然知道大厨们以前是为“那些留有美味圣火的古老宫廷中的老爷工作”的，所以他强调了在贵族出逃、旧饮食制度瓦解时大厨们自立门户需要具备的条件。这份“简短的历史摘要”特别指出以下三点：“事物的秩序”，即做生意必须保持冷静；“稳定而温和的政府”，即结束了恐怖统治的政府；某种形式的社会透明，“让人们毫不畏惧地展现自己的财富，甚至以此为荣，不被他人嫉妒”。[6]

当这些条件全部具备，“我们看到餐饮界活跃起来，餐桌立了起来，餐厅的大门纷纷向宾客打开”。不过，新的饮食制度要求“美食家的用餐习惯彻底改变”。在葛立莫看来，这种改变具有双重性质：一方面是社会上的，因为“以前贵族阶级专享的美食成了数量以惊人速度增长的普通美食爱好者口中的美味”；

另一方面是文化上的，这也是作者在《东道主手册》里常常提到的一点，“肚子里的智慧”的发展令人欣喜。美食家写道：“大厨羡慕又嫉妒先锋者，可又不得不追随他们的脚步。食客们则渴望掌握有关吃的知识，毫无保留地沉湎于美食文学。”[7] 大革命重新分配了财富与大厨，推动了社会的进步和餐饮文化的发展，一件“人们毫不重视的琐事”成了“关乎大众需求和口味的重要事务”，“美味佳肴好日子的新黎明”成为可能。[8]

几年后，大革命与餐厅发展这一悖论重新出现在《巴黎与餐厅》——第二帝国时期的美食专栏——美食评论家的笔下：“大革命的到来改变了餐饮的法则，昔日餐饮界的大厨们、只为王公贵族服务的高级艺术家们在流亡中四散，我们看到美食学在不知不觉中下沉到第三等级和小资产阶级。我们知道民主化的过程每天都在推进，而餐饮是其中重要的一环。”[9]

经历了旧社会的重农主义和市场自由化之后，餐厅成了新社会的试验田：同时炖煮几种美味酱汁的烹调和强调权力的精英行为使人们对长时间以来想要夺取的旧日奢侈享乐念念不忘。如同让-保罗·阿隆在先锋性专论《十九世纪食客》中写的那样：“丧权贵族厨房里的愉悦盛宴成了餐厅里的新景象。餐厅的数量越来越多。大革命以后，食客们迫不及待地在餐桌旁等待。19 世纪因为餐饮业而逐渐积累财富。人们在餐桌上处理生意，表达壮志，实现合作。”[10] 与此同时，餐厅的作用也在扩大：作为战胜旧特权的标志，餐厅成为声誉和卓越的象征、强有力的机构、成功的保证、民主化建筑的拱顶、新社会的证明之地。

但是为什么要“去餐厅”？为什么不在家中举办奢侈的宴会？从贵族沙龙的华丽与排场，到资产阶级用餐的舒适与惬意，奢侈在降级的同时也被赋以新的价值。安静的环境、良好的品味以及美食声名的正当性，这一切使餐厅成为展现财力却又对财力有所保留的地方。透明与隐蔽的社交游戏可以被想见：远不同于贵族式的消费与炫耀，餐厅允许人们展示财富的同时，也让人们培养了作为精英主义者和美食家的自我，拒绝以挑衅的方式表现欲望和野心。维多利亚时期的烹饪史家亚伯拉罕·海沃德于 1852 年写道：“爱国的新百万富翁们，通过掠夺教堂和贵族发家致富，同时也保留了贵族的习惯，他们害怕在动荡时期将财富暴露在光天化日之下。与其在家中以太显眼的方式展示财力，他们更愿意在餐厅里不引人注目地用餐，自在地享用美食。”[11]

餐桌大革命

巴黎人民遭受的饥荒引起了广泛讨论，然而，大革命时期出现的美食却鲜少有人提及。这一强烈的对比无疑让最初的美食之乐隐藏在一种负罪感之下。在冷冰冰的沉默中，我们听到了卢梭的警句，他将腐蚀法国人口味和性格的盛大宴饮与过度烹调的菜肴拉下圣坛，他说这是“用牛奶剥削奴隶”，“只有法国人不懂吃，他们居然需要用如此腐化的技艺去烹调之后才觉得食物能吃”。[12]

这种对餐桌的拒绝，至少是对继承了特权阶层最考究的餐桌的拒绝，这些破坏艺术和无视传统的倾向并未在大革命期间复现。相反，我们看到了餐饮复兴的迹象。

首先从产生于王国三级会议时期的政治社会学这一角度解释。1789年春天，近千名外省议员来到凡尔赛，十月又抵达巴黎。这些议员及其同行人员、随从、友人、亲戚等大多住在膳宿公寓，很自然地养成了一起去餐厅用晚餐的习惯。于是餐厅数量逐渐增多，大部分选址于杜伊勒里宫附近，也就是国民公会所在地。作为一个拥有声望与权力、代表着新法国的群体，议员们掀起了一系列风尚，包括去餐厅的风尚。我们看到了巴黎政治生活、议会工作与餐厅分布密度之间的关系，而这种相关性从 18 世纪中叶起就已在伦敦市中心出现了。

对于国民议会的议员而言，在餐厅用餐常常有意外收获。他们之所以聚在餐厅，往往是出于一种政治上的默契，即希望继续探讨凡尔赛三级会议（比如阿莫利咖啡馆的布列塔尼团体）或在国民公会的工作（比如在勒加克餐厅或斐扬露台聚集的雅各宾派）。不过，他们去餐厅用餐也是出于便利，既能享受餐厅为他们提供的折扣，也能早早吃到根据议会会议时间安排好的晚餐。

梅奥餐厅是这些“政治”餐厅里最出名的一家：大革命初期，人们会在这里遇到米拉波、拉法耶特、里瓦罗尔（Rivarol）、尚普瑟内茨（Champcenetz）；共和国时期，又可以见到山岳派的议员们。玛丽·安托瓦内特被处决之后，罗伯斯庇尔、圣茹斯特和巴雷尔（Barère）可能正在餐厅的包厢中享用精美菜肴。卡诺和科洛·德尔布瓦（Collot d'Herbois）是热尔韦餐厅和斐扬露台的常客；埃贝尔和肖梅特喜欢去巴黎皇家宫殿附近的纳盖尔餐厅；埃罗·德·塞舌尔（Hérault de Séchelles）、丹东（Danton）和法布尔·德·埃格朗蒂纳（Fabre d'Églantine）是黎塞留街博维利耶尔餐厅的老主顾。法国共和二年宪法里的多个要点在梅奥餐厅起草；对国王之死进行投票后，公会议员勒佩莱蒂耶（Le Peletier）在皇家宫殿的费弗里耶餐厅遭到暗杀。政治与餐厅之间的关系十分紧密，建立了一种长久的传统，美国历史学家帕特里斯·伊戈内甚至在《巴黎，世界之都》中将吃晚餐的雅各宾派称作“左派鱼子酱的祖先”[13]。

因此，大革命的准则中并不包括拒绝美食，而是恰恰相反。除了餐厅对新政治体制的快速适应，我们尤其注意到了一种从（贵族）餐桌到（爱国主义者）餐桌的转移。哪怕会表现出一种会被批评为自私和危害社会的享乐主义，大革命参与者们也无法全然禁止美食享乐。

新的当权者，即便是极端禁欲主义者，都能理解巴黎人对时不时出去吃喝与消遣的热衷，“法式快活”闻名遐迩，传遍世界。这里的快活更多的是让对美食的热爱染上政治色彩，让它引导人们去接受新思想和大革命。这就是巴黎市政府定期组织聚会和宴席的全部意义。1790 年 7 月 18 日坐在巴士底狱的废墟之上吃着饭、喝着酒，1791 年 5 月 1 日在首都的城墙下设宴款待，被古代礼仪吸引的巴黎人以自己的方式，跟随着恣意享乐的天性，参与到事物发展的新进程中。

质量靠不住的“小晚餐”（petits soupers）和国王节（三王来朝吃国王饼）被类似的仪式取代，前者变为爱国主义者的盛宴，后者变为庆祝“邻里友爱的爱国主义节”、吃“平等饼”。1790年，在联盟节上①，伏尔泰派的维耶特构想了新的社交方式，筹备了7月18日的公共晚餐。“我希望巴黎这座美好城市的资产阶级能在户外搭起自己的餐桌，在家门前用餐。穷人和富人聚在一起，阶级融合起来。街道上铺好地毯、开满小花，禁止车马通行。首都组成一个巨大的家庭，大家在公共大餐桌上吃着同一顿由最棒的大厨烹饪的晚餐。这一天，国家办起了自己的大食宴。”[14] 取代凡尔赛国王标志性“大食宴”（grand couvert）的是爱国主义者和平等主义者的国家“大食宴”，但后者与前者同样美味。法国就这样围绕着吃的仪式延续下去。

如果人们很容易就能理解餐厅大革命实现的从贵族饮食到平民饮食的深刻转变，如果美食的复兴很自

① Fête de la Fédération，1789年法国大革命时由各个城市的国民自卫军自动组织的联盟。——译者注

然地让督政府的首都增光添彩，那么一个更黑暗的时期，即恐怖统治时期，则是餐桌史上一个特殊而矛盾的存在。许许多多的见证人和编年史家都注意到，恐怖统治时期让巴黎冻结，却没有让好胃口冻结。

路易－塞巴斯蒂安·梅西耶对此做了精彩的描写，他以让人毛骨悚然的黑色幽默调侃道："恐怖统治是这样一个时期，厨房小学徒工作的地方附近就是刽子手的地盘……断头台和填满了尸体的墓地旁边，餐厅的数量完全没有减少。巴黎人无法割舍美食，甚至连监狱里的犯人都在迁就自己的胃口，巴黎裁判所附属监狱的狭小窗口中出现了各种美味至极的肉类，供这些重视人生中最后一顿餐食的人享用，他们会把肉吃得一块不剩。在单人囚室的深处，囚犯和大厨订立契约，签下一系列条款，包括对新鲜蔬果的特殊要求。所有夸张的行为都会存在。在这些不幸与恐怖的日子里，我前所未有地感受到人们对美食的嗜好是多么强烈，在我待过的六个牢房均是如此。"[15]

梅西耶含蓄地承认，他能够在牢狱中幸存下来是因为他把注意力全部放在了他所处监狱的简陋餐桌，以及他生命中最可怕的那几周里单调、普通的一日三餐之上。

对于餐厅老板而言，马克西姆法令和规定只是一纸空文。哪怕是在恐怖统治时期也没人遵守。餐厅老板是少数能在处于戒备状态的饥饿巴黎出行的“商贩”，他们等农民把产品带到城里后，再以高昂的价格购买，从而给食客更多菜单上的选择，当然价格也更高。维利餐厅在恐怖统治时期每晚都偷偷开门，为了刺激熟客的食欲、鼓励他们来品尝，甚至还会把菜单折好寄给他们。尽管受到限制和审查，维利家的烩鸡肉、石鸡和鳀鱼黄油烩鹌鹑依旧家喻户晓。

对比如此鲜明，只有一种答案能够解释这种无论如何都不会磨灭的对吃的迷恋，这个答案既不是社会层面的，也不是文化层面的，而是心理层面的：当死亡无处不在，恐惧在街道上横行，贪恋美食是唯一可以发起的对抗，因为它体现了一种生命和生存的冲动，可以匹敌那时驻扎在城市中的死亡的冲动。[16]

梅西耶从现实中观察到了这些令人困惑的行为。革命法庭的公诉人富吉耶－廷维尔（Fouquier-Tinville）及其主要陪审员杜马斯、雷诺丁去梅奥餐厅用餐，这顿饭另藏玄机。彼时，恐怖统治时期已近尾声，而他们的死期也已临近。杜马斯小声说：“这个梅奥老板烧饭的时候真是让人开心；要是某一天早上，把穿着围裙的他给找到，然后立刻送上断头台那就有趣了，等于把剁肉的人给剁了……”接着，雷诺丁补充道：“一旬的第二天，得把他放到面包窑里烤了。不过我来这里吃饭不是审判他，而是为了开心，看他最后一次工作。”[17]就在同一时刻，大部分政治人物正以同样的方式谈论着罗伯斯庇尔。解决了最后一个要弄死的人，大革命终于结束了。

一幅关于热月政变的漫画《雅各宾派的净化锅》（*La Marmite épuratoire des jacobins*）将罗伯斯庇尔以大厨的形象展现出来，他的身旁放了一把大刀，他正在一个小锅中炸一些小人，炸得差不多的时候再一个个取出来，好像供人品尝的糕饼。罗伯斯庇尔和梅奥，独裁者和餐厅老板，是唯二手中掌握了死亡冲动和生命冲动的人，他们是恐怖时期真正神秘的钥匙。

1803年，葛立莫喜恶参半地感叹：“大部分巴黎有钱人的心思都转到了肚子上；他们没了感情，只剩感觉。”就好像从旧制度下生活之美好到大革命中生存之艰难，法国首都变成了一个巨大的餐厅。美食王子的结论毋庸置疑：“正是这样，更多的罗兹餐厅、梅奥餐厅、罗伯特餐厅、博维利耶尔餐厅、维利餐厅、勒加克餐厅、多利埃餐厅、尼古拉餐厅开了门，如今这些餐厅老板都成了百万富翁。距离 1789 年过去还不到二十年……如今这样的餐厅可能已经有五六百家了。”[18]

菜谱
不会过时的菜肴

法国菜中有那么几道似乎永远不会过时，从（用肉或菜做成的）浓汤，到鸡蛋料理、白汁炖牛肉，再到玛德莱娜蛋糕，这些菜谱都出自18世纪中叶经典的烹饪著作，比如“马萨洛食谱”和《现代厨师》。这些菜谱没有变成个人的，也没有被贴上某一位大厨的个性化标签。那些不知名的人为我们奉上了美味佳肴。

芜青鸭汤

鸭1只，猪膘肉，洋葱3~4颗，胡萝卜（可选），欧防风（可选），芜青，鸡汤，面粉，猪油取一只鸭，清空内脏，捆扎，戳孔，填塞调过味的猪膘肉。穿上铁扦，烤至半熟，取下放到小炖锅里，加入 3 或 4 颗洋葱、2 根胡萝卜和适量欧防风，倒入高汤炖煮。另取芜青，对半切开，裹上薄薄一层面粉；平底锅中放入足够炸芜青的猪油，将芜青炸至金黄后捞出，沥干多余的油，再放到一个小炖锅里，倒入高汤没过食材，炖煮。撇去鸭汤表面的油脂，放入用于制作浓汤的干酪皮，煮至浓稠。浓汤炖好后，盛出，将鸭肉放在上面，用芜青装饰，浇上芜青汁、小牛肉汁，趁热食用。

弗朗索瓦 · 马萨洛

《王室与资产阶级新式大厨》（*Le Nouveau Cuisinier royal et bourgeois*），1744 年

松露炒蛋

鸡蛋 4 颗，淡奶油 100 毫升，松露 20 克，口蘑，黄油

4颗土鸡蛋稍稍打散，加入100毫升淡奶油。平底锅加热，锅中放一小块黄油，加热至融化，倒入淡奶油蛋液。轻轻颠锅，使蛋液和奶油混合。20克松露切成小薄片，在蛋液凝固之前撒入。最后配上新鲜脆口的口蘑薄片一同食用。

白汁小牛肉

牛腰肉，面粉，黄油，葱，牛肉汤，鸡蛋3~4颗，奶油，欧芹

取一大块冷却后的烤牛腰肉，切成薄片，平底锅中放入一块黄油，加热至融化后放入一小撮面粉，略炒制，接着先后放入葱、牛肉，加入少许盐和胡椒调味。翻面2到3次，然后倒入少许牛肉汤，开锅3到4次；将3~4颗蛋黄、奶油、欧芹碎搅拌均匀，倒入汤中勾芡，持续搅拌防止结块，待汤汁煮至合适的浓度后将小牛肉块装盘，食用。

文森特·德·拉夏佩尔

《现代大厨》，1735年

朗姆巴巴

牛奶，面粉250克，糖，鸡蛋，酵母，黄油，老朗姆酒3汤匙，杏子酱

准备一个碗，放入面包酵母和2汤匙牛奶，再加入250克面粉和少许盐。用和面机慢慢揉面。将蛋液一点点倒入，和面8到10分钟。接着，再加入适量牛奶、糖，最后加入黄油，将面团揉至光滑后放入烤盘，包以薄膜，放入烤炉中，让面团发酵30分钟。在此期间准备糖浆：将350克细砂糖、3汤匙老朗姆酒一同煮，起泡后立刻关火移开。糖浆的温度需要降至环境温度。在巴巴模具上涂黄油，放入面团。烘烤15分钟后取出。放在网格上，不停倒糖浆至浸透巴巴。最后，配热杏子酱一同享用。

小玛德莱娜

鸡蛋6颗，糖250克，面粉250克，黄油250克，柠檬一颗，朗姆两汤匙，糖粉

在 18 到 20 个玛德莱娜模具上刷无盐黄油，覆上一层糖粉。盆中放入 250 克糖和 6 颗鸡蛋，用勺子搅拌均匀，注意不要过度搅拌，再加入 250 克面粉和 250 克融化了的温热黄油，柠檬皮碎少许，2 勺朗姆酒。倒在抹好黄油、撒好糖粉的模具里，放入烤炉中火烤制。

安托万·博维利耶尔
巴黎第一位餐厅老板

布里亚－萨瓦兰在《味觉生理学》中这样介绍安托万·博维利耶尔："长达十五年间，他都是巴黎最有名的餐厅老板。"博维利耶尔的名声在法国餐饮故事和美食指南中传了个遍：比如在欧仁·布里弗（Eugène Briffault）的作品《餐桌上的巴黎》（*Paris à table*，1846）中，我们再次看到了"法国很有名的餐厅老板"这样的描述；埃隆·德·维勒弗斯（Héron de Villefosse）在《巴黎美食历史与地理》（*Histoire et géographie gourmandes de Paris*）中称他为"餐厅老板们的先驱"；布里松·德·鲁日蒙（Boullisson de Rougemont）在《外省人在巴黎》（*Le Provincial à Paris*，1823）中说他的餐厅是"美食爱好者最愿意带朋友去的地方"，在《美食爱好者漫步巴黎》（*Promenade gastronomique dans Paris, par un amateur*，1833）中又说它是"上档次的餐厅"；一直到1983年，英国历史学家艾瑞克·霍布斯鲍姆（Eric Hobsbawm）在《传统的发明》（*L'Invention de la Tradition*）中依旧称博维利耶尔的餐厅为"19世纪初资本主义胜利最显著的标志"。

无论这些表述是美食层面的、社交生活层面的，还是马克思主义层面的，它们所依据的现实元素都非常有限。安托万·博维利耶尔一直是一个秘密，他的成功也是一个谜团。餐厅的信息都不是很确定，我们不知道他的餐厅究竟是叫伦敦大饭店、英国酒馆、勒博维利耶尔，还是博维利耶尔餐厅，也不确定开店日期是在 1782 年、1786 年、1787 年、1788 年、1790 年还是在 1791 年，甚至有的人认为是在“恐怖统治时期之后”。他究竟是开了一家餐馆还是好几家？的确，人们掌握的信息量与这位法国品味大师的地位形成了鲜明对比，甚至可以说，我们对他不甚了解。

三份关于创始人的叙述，三个不同的评判

因此，我们可能会读到相互矛盾却又互为补充的关于安托万·博维利耶尔的描写。他生于 1754 年，六十三岁在巴黎逝世。

第一份叙述是一幅“自画像”，试图在博维利耶尔的大作《厨艺》（*L'art du cuisinier*，1814）中找到他想要留给后人的信息。这部大作是“大厨”回忆录中最早期的经典作品之一，由《写给文人的城市宴饮艺术》（*L'art de dîner en ville, à l'usage des gens de lettres*）—— 这首发表于 1810 年的诗作也提到了博维利耶尔的餐厅 —— 的作者查尔斯·科尔内·杜拉维尔（Charles Colnet Du Ravel）编辑成书。大厨在他的作品开头就将自己描述为旧制度贵族烹饪的纯粹产物，"普罗旺斯伯爵的前厨师，附属于皇室的权贵人物"，不过人们不确定这些头衔是对大革命前往日时光的怀念，还是为了从 1814 年复辟王朝（同一个保护者）那里拿到通行证 —— 普罗旺斯伯爵彼时刚以路易十八的名号登上宝座。博维利耶尔同时还有另一个头衔："黎塞留街 26 号餐厅老板"，正是因为这个名号，他成了美食年鉴的一部分。

六十岁时他感到自己命不久矣（的确，三年之后他便撒手人寰了），于是试图跻身历史之中。他把自己视为一个双重程序的烹饪产品。

一方面，对于博维利耶尔来说，烹饪的味道是旧贵族留给新阶级的主要遗产，因为味道是"最廉价的奢侈"，同时"可能也是最纯粹的享受"。博维利耶尔作为十足的享乐至上者，"谦逊地"将自己设想为时代延续和餐桌之乐的连接符。他的餐厅是大革命以前最早开门的餐厅之一，二十五年后当他写回忆录时，依旧活跃。厨房成为"历史的工坊"，成为知识传递和代际享乐的积极推动因素。

另一方面，博维利耶尔认为自己是烹饪艺术大师：在生命的最后时刻，他将他的烹饪方法和近两百份菜谱吐露于人，为“烹饪的改善、从好到更好”做出贡献。他的中心地位建立在一种不断得到阐释的价值之上，即对于“改革餐饮”的尝试与好奇，对于“以多元化带来改变，在不破坏菜肴口味的前提下增加菜肴深度”的需求。这就是博维利耶尔，既是传统的守卫者，同时也是“充满创造力的大厨”，是“准备好鼓励发现新乐趣的艺术家”，是“他所处的那个时代最早的大厨”之一。

第二份关于博维利耶尔的叙述来自弗朗索瓦·梅耶·德·圣保罗（François Mayeur de Saint-Paul），他是演员、编剧、圣殿大道最早的专栏作家。1788 年，他在《皇宫新图景》（*Tableau du nouveau Palais-Royal*）中勾勒了彼时巴黎热闹非凡且风靡一时的地带——皇家宫殿，并极尽讽刺地描绘了这家“时髦餐厅”。这是一幅具有时代性的画像，完全没有掩饰这个“身无分文，出身贫寒，疯狂地攀越阶级边界”的男人的贫寒和卑微。在圣保罗的作品里，博维利耶尔被定义为机会主义者。黎塞留街有一条小路通向他的餐厅“英国酒馆”，那是一个充满矛盾的空间，客人花了大价钱，吃到的东西却不一定好。显然，客人首先是为氛围买单，一种热闹、暧昧、怪诞、兼收并蓄或近乎巴洛克式的氛围；在场的还有举止轻佻的女人、“夸夸其谈的老板”与气氛制造者，而这些似乎与令人期待的贵族雅致相去甚远。

“现在所有人都来这个餐厅，”梅耶·德·圣保罗写道，“人们用异样的眼光看那些说自己在熟食店就能吃到满意餐食的人……餐厅是这样服务的：厅堂很大，满是铺着绿色蜡布的餐桌，营造出一种干净的环境。人们走进餐厅，选好自己喜欢的位子；与此同时，服务生拿来印有‘博维利耶尔’名字的菜单，上面有合人们口味的菜肴；每道菜后面都标有价格，这样就可以明确要付多少钱。没有人能断言花六法郎就能在这里吃上一顿好饭。最便宜的酒也要一瓶二十苏。必须要点的清炖肉汤几乎没什么特色，就是在热水里加上牛腰肉汁……注意！邻桌会听见你说的话！常客大多是年轻军官、外省冒险家和有钱人，还有放荡之人。品行端正、举止优雅的女人从不会去那里吃饭。餐厅里有几个特别的包间，食客可以和他带来的风雅女士一起吃晚餐或宵夜。这些双人或四人餐还不错，但价格昂贵。博维利耶尔餐厅的厨房位于大厅下面的地下室，这让人很不舒服，地下室的通风窗朝向街道，简直让从街上路过的人难以忍受，煤炭烧出的热气、炖菜难闻的味道让人喘不过气来。”这样的描述让人惊讶。如果说博维利耶尔的回忆录让他成为大师，成为餐饮的摆渡人，那么这些专栏文章和彼时的批评则刻薄地将他描述成一个只知道从机遇、炖菜、牛腰肉汁、奢华装修和自由主义者渴望的精致中获取利益的暴发户。他成了那个时代的现象级人物。

第三份叙述也有不同！布里亚－萨瓦兰在《味觉生理学》(1825)的历史梳理中将博维利耶尔“学术化”。作家在他的身上看到了创造者与试金石的形象，认为他支撑了巴黎餐厅和新派菜最早的叙事。在布里亚－萨瓦兰看来，两个平行的故事共同构建了法国味道，一个是大厨们的故事，其中最关键的就是“博维利耶尔餐厅老板”的故事；另一个是美食家的故事，作者本人就在其列。博维利耶尔和萨瓦兰几乎是同时代的人，他们一起实现了法国味道的构建。布里亚－萨瓦兰在书写历史的同时，赋予博维利耶尔他应得的敬意：“在美食界的众多人物之中，没有人比博维利耶尔更有权拥有人生传记，然而直到1820年，报纸才刊登了他去世的消息。”如果说餐饮业的报纸需要三年时间来告知读者这位被遗忘的大厨早已故去的事实——博维利耶尔是1817年1月31日去世的，那么布里亚－萨瓦兰则需要两页纸来弥补这样的过错，给予餐饮界一位奠基之父，给予这个先锋大厨以高尚声名。

赞颂让黎塞留街上的这家餐厅成为“高品质烹饪”的圣地，如同一位“修道院母亲”一样，让她的修女们分散在巴黎美食地图上的使命之地。“当多位有名的大厨试图与之比试时，博维利耶尔面对竞争也毫无劣势，因为他总是紧跟科学的发展。”布里亚－萨瓦兰补充道，同时明确了博维利耶尔餐厅的优势，解释了餐厅长寿的秘诀。首先是“经验”，这种经验建立在对传统贵族饮食的把握之上；其次是一种“见多识广的实践”，让大厨得以“让口味和方式的创新发挥作用”；最后是一种“方法”，“烹饪艺术从来没有以如此精确的方法处理对象”。

简而言之，成熟、好奇、严谨，博维利耶尔的形象很有说服力，几乎没有因餐厅过高的价格而受影响。退一步说，价格能让所有客人明白“他们是在一家餐厅吃的饭”。布里亚－萨瓦兰在此抓住了博维利耶尔的主要策略，即他对符号的把控能力、具有象征性的精湛技艺，以及让名声发挥即时作用的能力。前来吃饭的人只要简单地支付一下高昂的餐费，就能与他分享名声，就能感受身在餐厅而非身在他处的快乐，就能品尝美味的菜肴，如炖小牛肉、菠菜猪油牛肉片、鳗鱼圆馅饼、洋葱黄油汁排骨佐洋葱泥。

探究成功的因素：如何成为博维利耶尔

一些特征让博维利耶尔在巴黎现代餐厅诞生史上的核心地位得以稳固，特征虽然不多，比不上他在菜单里列出的菜谱，但极为明显，且被完美运用。鉴于此，博维利耶尔的谜团一下子有了解释，疑云散开，矛盾之处得到梳理。让我们跟随这些线索去完成他的肖像吧！

博维利耶尔是第一个理解了美食激情这一国际性特征的人。他不断地让菜肴从一个国家传到另一个国家，从而将利益最大化。他首先是“英国迷”，搭上了当时崇拜英国的浪潮。他在《厨艺》中承认：“我的一个优势在于我是第一个把英式烹饪中最为人称道和最精致的菜肴带到法国的人。”[1]实际上，大厨带到巴黎的不仅是锡纸小牛排、芥末鲱鱼、鳕鱼排馅饼这几道菜，更是一套系统，即英国小饭馆系统。他最早的餐厅不正是被命名为“伦敦大饭店”吗？

这一模式源自伦敦小饭馆[2]，它不同于大众小酒馆，吸引了一群更富有的食客。人们在这里用餐、喝酒，可以是一个人，也可以是一群人围在餐桌周围。有些饭馆很出名，比如约翰·法利（John Farley）大厨的伦敦酒馆（London Tavern），柯林伍德（Collingwood）和伍拉姆斯（Woolams）精心打理的皇冠与锚酒馆（Crown and Anchor Tavern），舰队街（Fleet Street）的环球（Globe），理查德·布里格斯（Richard Briggs）大厨的白鹿（White Hart）。其中大部分餐厅颇有声誉，主厨们也因各自的烹饪手册——餐厅文化中的核心竞争力——而出名。这些伦敦饭馆的经营者是餐饮界的那些大人物。诚然，卡拉乔利侯爵（marquis de Caraccioli）于1777年在《巴黎，国家的典范或法国的欧洲》（*Paris, modèle des nations étrangères, ou l'Europe française*）中贬低其品质，抱怨英国贵族“除了小饭馆里的菜品，没有更拿得出手的食物了。贵族老爷们就吃这些吗？”这句俏皮话有其合理之处：18世纪70年代中叶，伦敦确实存在一个地方，专为有钱的食客提供吃食。我们在那里辨认出了巴黎餐厅的模式。

卡拉乔利侯爵还提到英国的绅士们“常常带着他们的外国朋友去那里用餐……”[3]这表明英式小饭馆确实有一定的吸引力。我们不由猜想，博维利耶尔拜访他的朋友兼老板普罗旺斯伯爵在伦敦的亲戚时是不是被推荐到了饭馆用餐，于是萌生了在巴黎再现伦敦模式的想法？这是我们揭开博维利耶尔餐饮生涯谜团的重要线索之一，葛立叶就注意到了这一点：大革命前的十五年间，法国社会上刮起的英国风是这些餐厅出现的一个主要原因，它们是伦敦饭馆在巴黎的替身，目的在于将伦敦餐厅里的精英社交与烹饪艺术引入巴黎。[4]很多法国烹饪历史学家站在一种爱国的角度，或多或少地忽视了巴黎餐厅中如此典型的英国起源。

话说回来，博维利耶尔本人精通英语和意大利语，他将餐厅享有的国际名声化为通往成功的途径。关于这一点，布里亚－萨瓦兰就指出博维利耶尔的餐厅是世界性的；1798 年，一位英国旅行家在抄录了餐厅提供的所有菜品后，告诉我们博维利耶尔推荐的菜单是最好的。布里亚－萨瓦兰写道：“在博维利耶尔的餐厅前，我们总能看到各国车辆：他认识外国所有的大厨，因此他什么语言都会说一点，这对他的生意来说很有必要。”[5]

欧仁·布里弗同样将博维利耶尔视为让巴黎餐厅得到全球认可的媒介。他写道："自此，我们看到巴黎餐厅的声名提升到了前所未有的高度，巴黎餐厅之于欧洲餐饮世界，就如同我们的文学之于十七和十八世纪。博维利耶尔使餐厅成为普遍存在。"[6]正是在经过黎塞留街和瓦卢瓦长廊之后，欧洲的食客，特别是英国食客，选择将巴黎置于世界美食地图的中心。

首都巴黎只是在美食地理上代替了英国首都，这一点并不在民族主义者布里弗的考虑之内。虽然没有伦敦酒馆就没有巴黎餐厅，但是后者的国际影响力大到抹去了前者在历史上的地位。更糟的是，因为巴黎的后来居上，伦敦的餐厅成了被嘲讽的对象，就好像自古以来英国人就不会做饭。

我们能从1798年那位英国旅行者抄下来的菜谱中看到什么？这是一份重要的文件，里面有176道菜，其中包括：10道浓汤，12道冷盘，12道牛肉前菜，10道羊肉前菜，20道禽肉和野味前菜，10道小牛肉前菜，10道糕点，12道鱼肉，8种烤肉，以及36道（主菜和水果之间的）餐末甜食和36道甜品。十五年后，所有这些菜都出现在博维利耶尔的文学作品回忆录《厨艺》中。这是一部近四百页的作品，按春冬两季对食谱进行了分类和介绍，并根据宾客人数提供了十几种配餐计划——从两人餐、四人餐、八人餐到二十四人餐，还有一套烹饪词汇。博维利耶尔之所以如此珍视这本“美食圣经”，是因为这些丰富的食谱是他本人才干的标志和名誉的基础，是一种“高档料理”[7]。

在成为一个精明的生意人和创始人之前，博维利耶尔是一名厨师，他试验了各色菜肴，他喜欢自己的产品，毫不犹豫地购买最佳产地的食材。他从巴黎菜市场和周围零售商那里购买产自法兰西岛的鲜肉、禽肉、水果和蔬菜。牛排、威尔士干酪和潘趣酒来自伦敦；鳕鱼、鲱鱼、茴香酒、柑香酒来自荷兰；腌酸菜、汉堡牛肉、黑森林里脊肉来自德国；什锦菜、胡椒火腿、鹰嘴豆和马拉加葡萄干来自西班牙；帕尔马干酪、通心粉、博洛尼亚香肠、玉米粥、冰激凌、利口酒来自意大利；肉干、熏鳗鱼、鱼子酱来自俄罗斯。

最后，尽管博维利耶尔是一个平民，但他以法国人的身份完成了自己的职责，当他在餐桌之间穿梭时，总是随身佩剑，“手放在金球饰上”。[8]诚然，这是为了体现他的社会身份，毕竟武器是他从普罗旺斯伯爵那里要来的，但更重要的是为他因烹饪和不断发掘出的新资源而获得的荣誉加冕。烹饪是这位味觉新贵的荣誉准则，餐桌是他的战场。

不过，单单做菜是不够的，哪怕做得再好，也不足以成为“巴黎第一餐厅老板”。博维利耶尔的独特之处和他获得的国际认可建立在两种天赋之上，即对奢华的分享和烹饪上的个性。

梅耶·德·圣保罗在《皇宫新图景》（1788）中提到了这一点：伦敦大饭店之所以获得成功，一方面是因为礼仪，另一方面是因为个性化的想法。这位时尚新风方面的专栏作家写道：“博维利耶尔张罗了一些类似中国皮影戏的小表演。二楼的墙壁上贴满了漂亮的中国纸，餐桌由贵重的桃花心木制成，椅子也经过精心设计。一盏球形灯伸出好几个分枝，照亮了餐厅的每个角落。他不再自称熟食店主，而是餐厅老板。一切都显得奢华、富有，在餐厅里，人们可以看到身膺殊荣的军人、做批发生意的商人、精英人士。餐厅老板随身携带佩剑，向食客们推荐着应该点的菜和应该配的酒。”[9]

另一边，布里亚－瓦萨兰解释了餐厅老板成功的重要因素。他认为：“首先，他的餐厅有雅致的大厅、得体的服务生、整洁干净的地窖。”[10]

是豪华的装饰、考究的家具、富丽堂皇的大厅表达了思想，吸引了客人。客人们来到餐厅，希望得到王宫贵族一般的对待，像普罗旺斯小伯爵一样享受一顿饭的时光。

博维利耶尔掌握了为每位客人提供一流服务的艺术，也有人说这是一种阿谀奉承。梅耶·德·圣保罗写道："在这位老板的餐厅中，安静不是主流，每顿饭都充满了快乐。餐厅主人庄严地漫步在华丽的餐厅中，襟饰在胸前展开。[……] 他知道刚刚在某张桌边坐下的客人通常口袋满满，也知道对客人卑躬屈膝，他夸赞他们点的一些菜，又假装批评另一些，然后推荐个人酒窖中的一些酒。在献完殷勤后，他悄悄走开，仔细地写下一张账单，再带着最谄媚的笑容将账单递给客人。"[11]

三十年后，布里亚－萨瓦兰也绘制了一幅类似的诱骗者肖像："他有自己独特的方法。当他知道一群有钱人在他的餐厅里聚集时，他就带着恭维的神态靠近，行吻手礼，似乎对这些客人特别关注。他会用一种十分亲切又十分动人的语气说话，所有额外的服务仿佛都出自他的好意。"[12] 正如《味觉生理学》的作者描绘的那样，博维利耶尔是一位"完美的晚宴东道主"。

博维利耶尔具有别人难以比拟的独特才能：一是

“惊人的记忆力”，他能认出所有老顾客，并且立刻与他们成为熟人；二是毫不吝惜说漂亮话，他对他的菜单了如指掌，能说出所有最诱人的形容词。布里亚-萨瓦兰说：“他拥有上流社会东道主最重要的品质之一，那就是他能认出二十年前只来过一两次的客人。”[13]梅耶·德·圣保罗说：“他会假装不经意地抛出一些美食格言，比如‘烹饪过程中用水，就像把一块冰扔到锅里！’言下之意是，他只用最好的油和最好的酱汁做饭。他还会突然惊呼，‘啊！看看这些洋葱奶油肋排！’‘多好吃的牛胸肉！多么美味的松露鸡胸！’他会指出一道菜不该吃，另一道应该快点吃，再帮你点一道你意料不到的菜，还叫人从地窖里拿瓶酒，而地窖的钥匙只有他有。”[14]总而言之，他喜欢这种个性化的方式。

博维利耶尔知道，除了做厨师，还需要立人设：既要会炫耀，又要懂得吃，既是司仪，又是奉承者。他售卖的是一种个人满足，让每位食客都感受到自己非常重要。与此同时，他将所有食客带入一种共同崇拜：每天晚上，食客们聚在一起，向烹饪之神致敬。说到底，博维利耶尔是一个懂得为自己才干美言的教士。他让所有客人深信不疑：来博维利耶尔的餐厅吃饭就是参与法国美食的历史。

1790年，博维利耶尔以15.75万里弗尔的价格买下了瓦卢瓦长廊的三个拱廊，他在这里开了一家新餐厅。这在当时可是很大一笔钱。几个月后，餐厅开门营业，设计精致，装修奢华。在那段时间里，皇家宫殿有它最好的招牌、最大的餐厅，名字叫“博维利耶尔餐厅”。

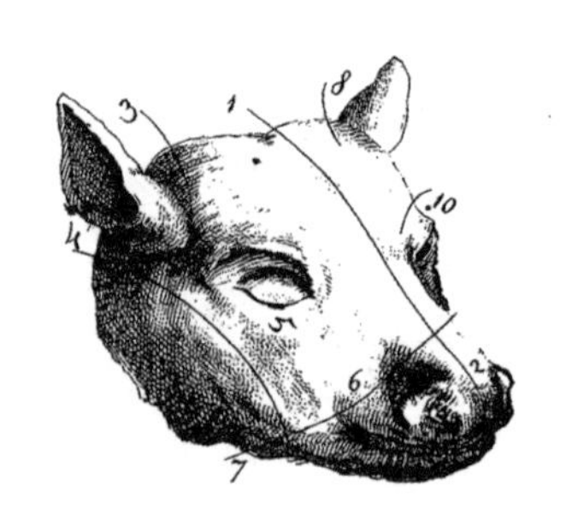

菜谱

安托万·博维利耶尔

安托万·博维利耶尔在他位于皇家宫殿的不同餐厅中构思了各种菜肴，这些菜肴都来自他最开始在国王的兄弟普罗旺斯伯爵身边工作时的经验。普罗旺斯伯爵后来结束流亡，以路易十八之名统治法国。鸡蛋和浓汤，简单但好吃，懂得解读这些菜肴的大厨对此非常青睐。

博维利耶尔曙光蛋

牛奶 0.5 升，黄油 280 克，面粉 200g，鸡蛋 11 颗，干面包取黄油200克、面粉200克、牛奶0.5升、盐、胡椒和肉豆蔻做成酱汁，放在暖和的地方。8颗鸡蛋煮熟，分开蛋黄和蛋白。蛋白切碎，倒入热酱汁中。熟蛋黄中加入80克黄油、2颗生蛋、少许盐和胡椒，一同捣碎。将蛋白酱汁倒在涂好黄油的餐盘里。将蛋黄筛入其中。1颗鸡蛋打散，干面包心切成片裹上蛋液，放在餐盘边缘。预热烤炉，放入餐盘烤10分钟。

博维利耶尔浓汤

红皮土豆10~12颗，鸡胸肉4块，鸡蛋6~7颗，肉豆蔻一把，浓奶油，蔬菜汤、牛肉汤或鸡肉汤

在热灰中烫熟10到12颗红皮土豆，去皮，去掉烤焦和较硬的部分，只留下口感粉质的部分，碾碎。加入4块捣碎的鸡胸肉，搅拌至没有结块，再加入6到7个生蛋黄，分多次倒入土豆鸡胸肉中，搅拌均匀。加入少许肉豆蔻和粗粒胡椒，搅拌均匀，再加入适量浓奶油到可以用勺子将搅拌物铺开的程度。把土豆团捏成丸子状，肉汤或盐水中加一些黄油，煮沸后放入

土豆丸子，煮半小时后沥干。在汤碗中加入肉汤，放入土豆丸子，加适量的盐调味。

在皇家宫殿用餐

漫步最初的巴黎美食中心

在《餐桌上的巴黎》中，欧仁·布里弗回忆了餐厅诞生的那些重要时刻，在他看来，这些时刻，即从旧制度终结到复辟初始，都与皇家宫殿餐厅发展的时刻交织在一起。1846年，巴黎中心的长廊花园与拱顶花园在十五年间不可避免地走向萧条。伤感的美食家这样写道："那时候，皇家宫殿是所有享乐主义者的中心，汇集了最热闹的餐厅，其中最著名的有维利餐厅和普罗旺斯三兄弟餐厅，人们对它们的追忆从未磨灭。皇家宫殿周围则聚集了其他高雅的餐厅：博维利耶尔餐厅、罗伯特餐厅、勒加克餐厅，以及'罗密欧与朱丽叶'三巨头（美食界有名的文字游戏）——罗餐厅（Rô）、梅奥餐厅（Méot）和朱丽叶餐厅（Juliette）。人们还会提到'吃奶的牛'餐厅（Veau qui tète），那是巴黎资产阶级的福地。那时候，每家餐厅都有自己独特的声名。罗伯特餐厅擅长烹饪牛肉；'吃奶的牛'餐厅的人气主要在羊蹄；普罗旺斯三兄弟餐厅则因为香蒜鳕鱼、奶油焗鳕鱼和备受好评的酒窖发家致富。一些不那么讲究精致但有特别偏好的美食家，喜欢在同一天去感受不同餐厅的奇特之处，品尝每一家的拿手菜；一些美食家热衷于反序吃晚餐，先吃甜品，最后喝开胃汤；还有一些狂热的美食爱好者对所有口味都已感到厌倦，而这种狂热形成的原因在于所有餐厅都聚集在一个地方。”[1] 皇家宫殿这一餐厅高地成了唤醒味觉的圣地，有时甚至被过度享用，让人陷入癫狂。

巴黎人的肚子在哪里咕咕叫?

最早的餐厅都聚集在皇家宫殿，这并非一开始就是一个显而易见的事实。18 世纪最后三十年，烹饪美食从王公贵族的宫殿和权贵的府邸中走了出来，寻找新的庇护者。那些有能力接待最早一批食客的热门地点之间的竞争确实非常激烈。

比如，巴黎各个沙龙本来可以成为宴饮与社交的场所。像人们常常说的那样，启蒙运动时期的沙龙不只是一个批评与讨论之地，更是哲学思想的传播之地。或者应该说，沙龙不只是传播思想。安托万·里勒蒂在《沙龙世界》[2] 中提到，沙龙是社交礼仪之地，是专用于社会游戏与思想表达、纸牌游戏与私人戏剧表演的空间，更特别的是，它还是享受美食与餐桌之乐的空间。吃晚餐是一种讲究又有趣的度过晚间时光的方式。人们不仅会谈论哲学，还会疯狂地玩乐与进食，桌上的菜肴也愈发精致。正如狄德罗所说，所有这些活动互不矛盾，甚至非常协调。哲学家这样描述一次百科全书式的美食体验："有人劝我，只有喝着上好的香槟酒，有好友相伴，才是真正的包治百病。这个药方我很喜欢。肚子贴着餐桌，背烤着火，我们聊天、争论、说笑、喝酒、吃东西，从下午一点一直到晚上十点。[……]我们吃了很久，吃得很多，然后坐在长沙发上一边说着玩笑话一边消食，再玩两三轮赌资甚大的骰子游戏。当晚餐铃响起，我们又开始吃，因为如果不吃的话，女主人就要不高兴了。晚餐后，大家谈天说地，有时候离题千万里。"[3]这一体验融合了对话、菜肴与游戏。文人共和国原本可以将餐厅纳入主人晚宴、特别是女主人晚宴的麾下，成为沙龙的一部分。但是或许是这个空间太过贵族化，新资产阶级对此有些无所适从，而且对有钱的大厨而言，商业价值也比较低。

作为另一个传统的消遣地点，咖啡馆在 18 世纪最后三十年数量翻倍，风靡巴黎；还有新的消费胜地——小酒馆与小饭馆，到了黄昏时分，客人总是络绎不绝。[4]大革命之前，巴黎有六百多家咖啡馆，其中一些，特别是比较有名的那些，本也可以转变成餐厅的形态，比如富瓦咖啡馆、迪普伊咖啡馆、普罗可普咖啡馆、先知埃利咖啡馆、丹麦咖啡馆、戈多咖啡馆，以及巴那斯咖啡馆、学校广场咖啡馆、马努里咖啡馆和马尔特十字咖啡馆。葛立莫特别推荐位于卢浮宫旁荨麻街的德尚咖啡馆，那里有“资本主义最棒的餐食，只要你想，整晚都可以吃到”[5]。

或许没有任何一家餐厅能像让·兰博诺（Jean Ramponeau）开的酒馆那样吸引那么多爱吃爱喝的食客，旧制度末期，他的地盘是真正的聚会胜地。在拉古尔第①的酒馆里，他向顾客提供新酿的葡萄酒，价格便宜，“不用付税”，人喝了之后很快就会晕晕乎乎；不过，他的做法违背了将“上乘肉块”[6]做成的禽肉高汤佐蔬菜当作餐食的惯例。1745年，兰博诺的皇家鼓酒馆（Tambour royal）开始营业，它因一幅巴克斯②跨坐在酒桶上的壁画而出名。1760年，他又开了大品脱酒馆（Grande Pinte），位于绍塞－昂坦街街尾，这个“时髦的小酒馆”是“让人心情愉悦”的社交中心。1779年出版的《巴黎城市历史词典》在讲到皇家鼓酒馆时说：“多么壮观的人群，多么新颖的景象！这就是吃晚饭的地方……”[7]不过，一些人望而却步。彼时，

---

① la Courtille，巴黎一个旧区的名称，该地有很多酒店。——译者注

② Bacchus，罗马神话中的酒神和植物神。——译者注

大部分的咖啡馆还被规章制度限制着，只能在规定的时间开门，不允许分桌，不允许提供某些肉类或某些餐食……

直到大革命之后，特别是帝国时期，咖啡馆才因其奢华和高品质烹饪成为真正的餐厅。如前所述，即使一家餐厅以极快的速度在沃克斯豪尔与科利塞之间的街区扎根，也撑不了多久。这些欢庆节日的场所中必须要有的舞蹈让餐厅不得不另寻他处。

最后，餐厅开在了皇家宫殿。这个地方既不是最大众的，也不是最新潮的，美食却在这里得以拥有其最受欢迎的空间，食客们喜欢的一切元素也尽在其中。它创造出一种可视的激情和视觉的冲动：在所有人“都去餐厅”的时候，观察别人，被别人观察，沉浸其中，忘乎所以。

打卡胜地……

从启蒙运动到帝国时代，巴黎这个满满当当、闪闪发光的地理空间几乎一直暗含一种傲慢。皇家宫殿是庆典、游戏、性与味蕾偏爱的地方，甚至可以说是那时的“皮加勒区”[8]。这里除了有数量众多的餐厅、赌场、妓院、咖啡馆，同样还有小摊贩、卖画人、小商人。柯提斯（Curtius）开设的蜡像博物馆租借场地给“哥特风”晚会，博若莱长廊的光学游戏和提线木偶吸引着好奇的路人。

奥尔良公爵家族居住的皇家宫殿是包括长廊和花园在内的综合体建筑，旧制度末期一直在翻修。自1776年起，奥尔良公爵，这位对新思想持开放态度、崇尚英国的国王的表兄弟，修缮了父亲留下的一座建筑，并围绕他名下的花园修建了可以出租的房屋。1781年6月，歌剧院大火灾拖慢了工程进度。从1784年开始，整个建筑群终于面向商铺、娱乐场所、居民和公众开放。

建筑群的中心是“马戏场”，一个椭圆形的木建筑，里面有商铺、剧场和音乐厅。花园的三个角落是宽敞的拱廊，许许多多看热闹的人穿梭其中。公爵将整个建筑对大众开放，但禁止“士兵、仆从、戴便帽或穿短上衣的人、狗和工人”入内。他欢迎的是那些出手阔绰、充满好奇、渴望新鲜事物和感官享乐的人，这些人既喜欢看别人，也喜欢被别人看。这样一来，整个建筑就摆脱了军队和警察方面的一切公开监视，不过奥尔良公爵手下的督察会在这里维持秩序，还有许许多多的便衣警察注视着每个人的行动。

旧制度末期，皇家宫殿是“打卡胜地”，是巴黎跳动的心脏，新鲜、活跃、引人注目，也是巴黎最时髦的地方。这里聚集了各种各样的人，有知识分子、煽动者、小偷、骗子、游手好闲之徒、看热闹的人，他们追逐着闻所未闻的场景、与众不同的刺激、风流雅致的奇遇。很快，美食家们加入了这个群体。

梅西耶在《餐桌上的巴黎》中充满热情地描述了这个“活力四射”且始终是他灵感来源的地方：“在那里，人们相互打量，毫不遮掩，全世界只有在巴黎、只有在皇家宫殿才能这么做。人们高声交谈，比肩接踵，呼朋唤友，叫出身边经过的女人的名字，说她们的丈夫是谁、情人是谁，用一个词描述她们；人们面对面放声大笑。所有这些都不会让人感到被冒犯，也不意在羞辱。人们在人群的旋涡中摇晃，在他人的目光里自在地出风头。”[9]

雷蒂夫也在《巴黎之夜》中描绘了皇家宫殿夜间的景象：“午夜钟声响起，花园里、长廊中人山人海，但这个人群经过了精心筛选。巴黎当地人比较安静；新来的外省人对巴黎一知半解，滥用着自己的混乱不清，几乎总是成为麻烦和纠纷的始作俑者。事实上，坏家伙们自然而然地就聚到了一起。[……] 我没办法告诉你们昨天我看到了多少奇妙事！那是一桌美好的客人，无论本性怎样，始终品行端正。谁未曾仔细观赏过皇家宫殿，就不能吹嘘自己了解人心。”[10]

1788 年，梅耶·德·圣保罗在《皇宫新图景》这部大获成功的指南作品中刻画了一幅逼真的画像。他看到了“世界（整个巴黎）和各民族的聚会……荷兰人、瑞士人、土耳其人、日本人，所有人和巴黎人走在一起”。夜幕降临的时候，置身灯光和游艺活动之中的梅耶仿若做梦：“我觉得我来到了仙人的宫殿。”[11]

俄国人卡拉姆津在《1789 年法国旅行》中写道：“像美国人一样不修边幅地去皇家宫殿，半个小时内你就能打扮得无可挑剔。”[12] 可见，时尚是这里的重头戏。此外，表演的疯狂也是重头戏，既有戏剧院，如联合剧院（les Variétés）、皇家宫殿以及后来的法兰西喜剧院，也有音乐厅，如费多音乐厅（le Feydeau）和几年内重建的歌剧院。人们去地窖咖啡馆（Caveau），去格鲁克、萨奇尼、皮奇尼、格雷特里的雕像之间，和才子、证券经纪人、游手好闲之徒和投机商一起歌唱；人们去沙特尔咖啡馆（Chartres）和瓦卢瓦咖啡馆下棋、阅读英文刊物。蒙庞西埃长廊里有弗拉芒洞穴酒吧（Grotte flamande），专门生产各种啤酒。在富瓦咖啡馆，人们品尝冰激凌；在机械咖啡馆（Mécanique），人们享受自动化的餐桌服务。

常客和看热闹的人来往于售卖着小物件、木版画、漫画、衣服的店铺之间。皇家宫殿俨然成了书籍和画作的交易中心，数不胜数的书商、编辑、木版画商聚集在此，无论是可出售的还是被禁的檄文、报纸、雕刻、漫画都可以找到。几百米长的街道吸引了一大批小商小贩，他们叫卖着引人注意的书名，那些抨击文章和被禁的木雕一摆出来就被人买走了。

赌场到处都是，大大小小的玩家整晚流连忘返于拱廊沙龙、奥林匹克俱乐部、骑士俱乐部、女士俱乐部、艺术沙龙、政治俱乐部、象棋俱乐部、美国人俱乐部……便衣警察被要求做到隐蔽，尽量不引起人们的注意，但是在接到群众举报时会进行突袭检查，比如当秘密交易或放荡激情造成了严重的不良影响时。

巴黎人在皇家宫殿找到了自己最早的标签：金色青年[①]、亲英者、自由主义者、爱国主义者、才子骑士、

① la jeunesse dorée，法国大革命时期的反革命青年帮。——译者注

半社会名流、交际花，还有不久后出现的“衣着奇特、说话做作的年轻人”（incroyables）和“穿古希腊或罗马服饰的时髦女人”（merveilleuses）。这里是一个万花筒，聚集了所有对吃喝玩乐的欲望，展现了五花八门的风格、激情、感性和观点。这是优雅与放纵的王国，后来成为“共和国”。一个有趣、美味、诙谐、性感的城市就这样被创造出来。在这里，旧制度甜蜜的生活，带着一种在娱乐中忘记自我的天赋，快乐又好奇地跑向终结。

在巴黎，爱情有自己的信徒和习惯。几百名风尘女子住在周围的建筑里招揽客人。根据一些小册子或作品里介绍的不同“特长”和价格，她们被认识、被描述、被归类。很快，这种介于旅行指南、色情文学和艳情手册之间的文学作品大获成功，吸引整个欧洲的人来巴黎亲身体验。巴黎从此和威尼斯一样，因为“女孩”而闻名世界。

最后，人们会在餐厅吃饭。如果说从18世纪80年代中期到第一帝国末期，一直有很多人在餐厅吃饭，那是因为这个空间提供了繁华的上流生活，是因为多重的即时享乐。餐厅没有脱离生活的能力，它只是餐盘的延伸。从历史角度看，正是在这里，玩家、名流、看热闹的人及自由主义者的情感发生了当下而瞬时的变化，使得历史通过“胃肠的情感”延续下去。

葛立莫的美食路线

有人说皇家宫殿最初的那些指南充满色情意味。不过，在这些色情地图集上很快就增加了美食路线，细节丰富，配有评论，有时还附插图。葛立莫于1803年发表的《美食路线：一位美食家在巴黎街区的漫步》就是这类作品的开山之作。[13]这篇美食地理随笔让作者声名大噪，并被收录到《老饕年鉴》创刊号中，它开启了巴黎美食指南与美食路线的出版繁荣时代，推动法国美食文学攀上第一次巅峰。

葛立莫试图分析“巴黎人惊人的饮食消费”。在他看来，这种现象是“第二次法国大革命”，因为饮食习惯的打破“和政治秩序的剧变一样值得注意”。巴黎人的生活已然发生变化：“产业不得不把重心大幅度转向所有与美食有关的东西上。世界上没有哪座城市有如此多的商人、食品生产商和餐厅。餐厅的数量是书店的一百倍，甜品师的数量是精密仪器工程师的一千倍。”[14]

巴黎的城市规划也迎合了这一剧变：“特别是近几年来，巴黎食客的数量增加了，甚至呈现出一种前所未有的增长态势。我们的祖先只是为了活着而吃饭，他们的后代却好像只是为了吃饭而活着。所有新术语的使用都转向了最真实、最可靠的本能享受。[……]十五年来，巴黎街头发生了巨大的变化，巴黎的面貌焕然一新，对一个1789年之后就不在首都生活的人来说，它绝对是一个全新的城市。”[15]

只有美食革命可以和政治革命相比拟，因为它们都是彻底的当代革命，从根本上改变了首都的习惯、面貌和生活方式。葛立莫并不想对这一转变的道德维度做出评判，他写道：“我想做的完全不是赞扬或指责这种新的生活方式。”他只是从中提取出结果，即那些历史转变：“我们的祖辈在小酒馆吃饭，我们的父辈在熟食店吃饭，我们在餐厅吃饭”；“餐桌艺术”得到改善；美食－外交平衡的逆转，巴黎取代伦敦成为欧洲的重心，“这就要求我们的餐厅老板成为文明的传教士”；美食领域的扩展，即针对美食主题的创作，越写越多，越写越好，“为这次美食大革命创造一种文学”，创造一段历史、一种地理、一个专栏以及一所能够指导新式写作的学院。这正是《老饕年鉴》的作者赋予自己的使命。

首先，美食革命的第一个结果就是巴黎男女外貌上的变化。葛立莫解释道："人们认为，只有经历了吃喝考验的肠胃才能接受这样的生活方式。可怜的小男人和瘦弱的小女人跟着旧制度一同消失了，取而代之的是身材结实的美人和强壮有力的食客。"[16]精英们的形象也变了，从贵族的清瘦优雅转变为资产阶级的丰满自信。这是关注社会日常的图画（特别是实事版画和漫画）创作者所把握的一个主要特征。

同时改变的还有"观念的总方向"——意图优先级和意图等级。葛立莫观察到，人们开始进入"事物新的次序，这种次序让所有的想法都转向烹饪，拥有一桌好菜的欲望是野心勃勃的巴黎人的动因"[17]。厨房成为生活的新核心，就像卧室、武器室、会客间、贵妇小客厅及书房曾在不同的时代成为巴黎生活的核心场所一样。

观念的转向不仅投射在建筑的内部结构上，葛立莫还注意到了它对巴黎地理的影响。他给自己制订了计划：选择并跟随一个向导、一个老饕、一个"味觉敏锐的美食漫步者"，也就是说在"一位名副其实的资深美食家的陪伴下”，体验这座新的城市。

葛立莫写道：“我们从这些还可以不断延展的与美食相关的细节中看到，巴黎以前类似《美食之旅》的指南里几乎没什么内容，现在却变得快要和环球旅行指南一样长。是时候参观这座美食之城了。我想，读到这里，读者要变得不耐烦，开始抨击这个既不能让他们兴奋又不能满足他们食欲的前言了。”[18]

葛立莫的“旅行”从圣奥诺雷门出发，向西，走到香榭丽舍大道，最后抵达巴黎腹地的中央市场。取道圣奥诺雷街，先后会经过旺多姆广场、杜伊勒里街、斐扬露台。接着，美食家朝北，穿过黎塞留街、佩尔蒂埃新街（Le Pelletier），沿着意大利大道走，然后再取道小方石板街（les Petits-carreaux）、芒达尔街（rue Mandar）、蒙托盖伊街、法国人大街返回，最后到达巴黎巨大的市场。

这条环绕皇家宫殿的漫步路线所经过的商铺的质量“真的很不错，里面的东西都很诱人”，会让美食家停下脚步，让作者多花笔墨，其快乐在于分享“橱窗里的美食景观”，“甚至比旧时的甜品店和珠宝店更典雅”。葛立莫明确表示：“在大革命之前，人们从来没有想过把肉酱、圆面包和饼干摆放在橱窗里。”[19]巴黎人吃的一切变得和珠宝钻石一样珍贵，几乎也一样昂贵。讲究的摆排方法展现了美食的物质性和新价值。

跟随这条路线，我们很快到达了巴黎的“餐饮中心”——皇家宫殿。葛立莫写道：“我们走进这个著名的皇家宫殿，人的所有感官同时被各种各样的诱惑冲击着。”[20] 他的漫步随笔就这样转向了感官的美妙世界，并再次将嘴与性结合起来。

他的“旅行”对我们来说很经典，没什么新意。我们在其中看到了别人提到过的大厨、评论过的菜谱、描绘过的装饰、备受好评的特色菜和具有代表性的人物。这是葛立莫用词语勾勒出的一张美食地图，我们能够很轻松地按比例在纸上绘制出来，就像不久后亨利·高乐和克里斯蒂安·米欧在他们的《法国美食指南》[21] 中所做的那样。

北边，紧邻博若莱街的长廊里，大维富餐厅、维利餐厅、普罗旺斯三兄弟餐厅和“吃奶的牛”餐厅紧紧挨着；西边，蒙庞西埃长廊里有科拉扎冰激凌咖啡馆、千柱咖啡馆、富瓦咖啡馆和弗拉芒洞穴酒馆；东边，沿着瓦卢瓦长廊依次是盲人咖啡馆、小维富餐厅、费弗里耶餐厅、机械咖啡馆、博维利耶尔餐厅、梅奥餐厅和风尚牛肉餐厅；附近的圣奥诺雷街和黎塞留街

十八世纪及帝国时期皇家宫殿的咖啡馆及餐厅

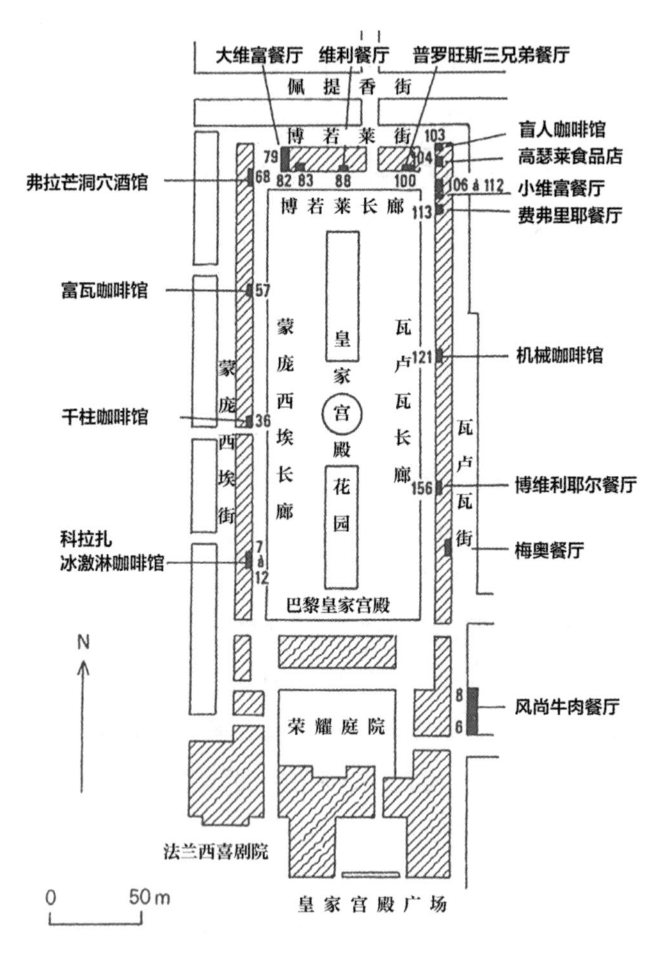

享利·高乐和克里斯蒂安·米欧：《法国美食指南》
巴黎：阿歇特出版社，1970年

之间，是勒加克餐厅、沙特尔咖啡馆、罗伯特餐厅以及诺代餐厅。描述非常详细，兼具美食推荐和感官享受功能，同时还穿插着逸事和极富才情的俏皮话。这些餐厅组成的空间堪称餐厅老板们的“先贤祠”。

在长廊的这些美食空间中，葛立莫指南特别提到了三家与餐厅比邻的“营养机构”：伊尔蒙食品店（Hyrment）、舍维食品店（Chevet）和高瑟莱食品店（Corcellet）。第一家最古老，位于新长廊的角落，“优雅”地搭起一个“诱人的肉酱金字塔”，里面有各种各样的肉酱，比如“裹着其他肉皮的牛舌、塞了馅的火鸡、生或熟的松露、各种酒、各类醋、芥末、自制肉冻”，美食家垂涎欲滴地说：“这一切组成了一个赏心悦目的整体，而宽敞明亮的店铺本身就让人感到舒适。”[22]

舍维食品店虽然只有一个“昏暗的小洞做店面”，但这个名副其实的“阿里巴巴”洞穴人满为患、“肉香浓郁”，“生猛海鲜”、龙虾、螯虾、鲱鱼、沙丁鱼、“肥美多汁”的马雷内生蚝等应有尽有。

“无论是在皇家宫殿，还是在整个巴黎，高瑟莱先生都可以吹嘘他拥有最美的食品店。”[23]他的店在好孩子长廊的尽头，“所有你想吃的东西”店里都有，其食品名录堪比“百科全书”，可以作为顾客的购买手册。还有“推荐菜谱”，其中有些菜谱很有名，比如斯特拉斯堡鹅肝酱、鲁昂水牛酱、皮蒂维耶肥云雀、沙特尔小母鸡和小嘴鸻、佩里戈尔山鹑、蛇肉炖菜……烹饪的百科全书化对葛立莫来说是一种魔法，给他提供了可以构想“美食路线”的视野，纵览皇家宫殿里来自法国各地的特色菜。

我们在《美食路线》中读到，跟随指引食客的道路，“吃得好”的乐趣翻了倍。皇家宫殿的结构实现了餐厅之间的比邻而处：笔直的羊肠小道连通食品店与餐厅，路上还可以顺道在咖啡馆喝一杯或吃一个冰激凌球。在作者的美食想象中，著名的花园长廊变成了喂养无数张嘴巴的“肠道”，商店、咖啡店与餐厅的入口彼此相连。这座城市建筑演化成一个位于巴黎市中心的味觉组织。

就这样，皇家宫殿成了美食家们真正的伊甸园，闪耀着城市的灯火，弥漫着吃的乐趣。花园的地形让各个店铺串连起来，人和人在这里相遇，一切变得皆有可能。葛立莫写道：“到了夜晚，这些比邻而建的餐厅忽地亮起灯，为攒动的人流披上一层光芒，同时生发了一场强烈的骚动。在这美妙的影响下，一切变得更加夺目。人们开心地体验着这些新的恩赐，欣喜若狂。人流、灯光、快乐的气氛似乎让老饕们更饿，也让大厨们展现出更多的天赋。对皇家宫殿而言，这几年天天都是欢腾又满足的日子。”[24]

LE POTAGE.

菜谱

在皇家宫殿用餐

皇家宫殿是巴黎美食中心，因其餐厅与大厨而在整个欧洲闻名遐迩。下面介绍的三道菜是人们可以在皇家宫殿品尝到的代表菜色：普罗旺斯三兄弟家出名的炖羊鱼；高瑟莱家的蔬菜炖蛇肉，这家店什么都有，还被葛立莫评为了“巴黎最美食品店”；维利餐厅出售的名扬天下的蛋黄酱。

普罗旺斯三兄弟的炖羊鱼

羊鱼6条，鳀鱼排2块，罗勒叶10片，橄榄油2汤匙搅拌机中放入2块鳀鱼排、10片罗勒叶、2汤匙橄榄油。取6条羊鱼，去鳃，去鳞（不要挖去内脏）。羊鱼两面撒少许胡椒粉，放入辛辣、蒜香浓郁的调味浓汁中，蒸制。湿润的热餐盘刷上罗勒酱汁，盛入羊鱼。

高瑟莱的蔬菜炖蛇肉

蟒蛇1条，面粉，阿马尼亚克烧酒，洋葱，分葱，番茄，百里香，肉桂

蟒蛇肉去皮，切成5厘米厚的小块，裹一层薄薄的面粉，浇上阿马尼亚克烧酒，火烧。用洋葱、分葱、番茄、百里香、肉桂煮成锅底，加入辣椒。放入蛇肉块，炖煮至少5小时。

维利蛋黄酱

鸡蛋2颗，橄榄油2杯，龙蒿醋半杯，肉冻半杯，柠檬1颗

取一只中等大小的罐子放在碎冰上，罐子中打入2个生蛋黄，撒入少许盐和白胡椒，滴一点龙蒿醋。用木勺快速搅拌，搅匀后，一点一点加入一勺橄榄油和少许醋。持续搅拌至酱汁变白，待酱汁体积增大后倒入更多的油、醋和一点肉冻。注意少量多次加入，避免分层。当酱汁达到完美状态，会呈现柔滑的状态。加入2杯油、半杯肉冻和适量的龙蒿醋，让酱汁拥有诱人又浓烈的味道。加入一颗柠檬榨成的柠檬汁让酱汁更白。

菜单与餐桌

服务的转变

“一个社会的烹饪是一门语言，它无意识地体现了社会结构，除非顺应社会，否则总是揭示社会矛盾。”[1]克洛德·列维－斯特劳斯在《烹饪三角》中的洞察力在巴黎餐厅出现伊始就得到了验证。彼时，餐厅是行为变化的实验室，后来才成为展现社会风貌的博物馆：装饰和礼仪、用餐时间、服务设置、餐桌社交、菜谱制订、价格确定、账单呈现，一切都在表达，一切都在释义。

在讲究的社会里，人们改变了用餐时间，使其适应新生活的节奏，而且更加严格地界定了不同的餐桌服务，同时根据菜品口味合理地调整上菜顺序和呈现形式。吃、喝以及交谈方式也都尽可能满足餐厅老板与餐厅客人的要求。用餐方式成为城市新贵们无法摆脱的强迫观念。透过餐桌礼仪，我们可以清楚地看到大革命时期人们所关注的焦点的更新。

餐厅的转变

对饮食的全面解码令人类学家（除了列维－斯特劳斯，还有玛丽·道格拉斯和杰克·古迪）、社会学家（从马塞尔·莫斯到皮埃尔·布尔迪厄）和语言学家（罗兰·巴特和他的"饮食社会心理学"）痴迷，烹饪语法就这样从宾客周围的环境开始发展。

早期大餐厅特有的排场，以及餐盘里食物的分量与质量让当时的人们感到震惊。梅奥"餐厅装饰的奢华程度远超他的对手，因而在烹饪史上留下了浓墨重彩的一笔"[2]。阿尔让松酒店（hôtel d'Argenson）的常客路易－塞巴斯蒂安·梅西耶提到了一种"招摇的奢华"[3]：客人们在陶立克柱廊下用餐；廊顶上是布里亚（Briard）绘画的《赫拉克勒斯的功勋》（*Les Travaux d'Hercule*），下面是收银台；大厅里饰有女像柱，天花板上是拉格莱尼（Lagrenée）的作品——为朱庇特斟酒的赫柏；私人会客厅里是诺埃尔·科佩尔（Noël Coypel）绘制的风靡东方的阿拉伯式装饰图案，厅门之间摆放着水晶玻璃，"香炉冒着细烟，散发出香味"[4]。就好像装饰的奢华必须要匹配餐食的精致，梅西耶愉悦地赞许道："漂亮的餐厅金光闪闪，雕梁画栋，具有戏剧性，如同首饰盒迎接珠宝一样迎接着水果金字塔。诱人的香气在空中盘旋，就算不饿的人闻一闻也顿时有了胃口。"[5]

餐厅如同一幅画，见证着贵族式奢侈到资本主义式豪华的转变。餐厅往往选址于皇家宫殿、杜伊勒里花园和圣奥诺雷街区的某些私人府邸中，占据了旧日权贵的地盘。这一空间充分展现了饮食的新习惯，特别是通过空间上的向心性和餐桌摆置上的几何学。

“餐桌语言”[6]是资本主义生活方式的标志：18世纪上半叶，餐厅成为大住宅不可或缺的一部分，到了旧制度末期更加普及，常常以“饭厅”为名。这个房间拥有专门的家具和配套设施，如平底锅、水池、大理石台面备餐桌、碗橱（或高或矮）、椅子和屏风。

餐桌则通常是杉木或其他轻木的细木工家具，没有特别装饰（因为木材藏在桌布之下），以实用为主。餐桌常常是可拆卸或可调节的，还设计了加长部分和折叠托盘。

不过，18世纪末流行起了“英式餐桌”，材质是桃花心木的，桌脚饰有柱头和镀金青铜。桌面要更小一些，多为圆形或椭圆形，适合一个人、两个人或四个人用餐，最多十二个人；桌子也更奢华，镶嵌着松木和乌木制工艺品，镀金，配有精美凹槽。这样的餐桌似乎成了巴黎餐厅最新潮、最重要的装饰。从此，往常客栈和小旅馆中供客人集体用餐的支架大木板让位于餐厅内部精心设计的餐桌，这一变化更有利于私密交际，同时也保证了舒适度。

装饰、墙壁、镜子、柱子和天花板越来越气派，菜肴越来越个性化、质量越来越好。在这两种趋势之外，我们还会看到第三种，即餐桌装饰越来越小型化。在餐具柜或碗橱中摆放花瓶、器皿、餐具的习惯消失了，取而代之的是将更便携也更小巧的器物放在餐桌上，餐桌上开始出现盐罐、香料盒、芥末罐、油瓶、醋瓶、冰桶或冰瓶。

贵族式气派的殿堂和喷泉让位给了实用的“银制器皿”——一种放在餐桌中心的金字塔状摆件，这个由托盘、碟子和容器层层叠叠组成的几何形状的餐具里盛放着果酱、糖衣果仁和其他糖渍水果，以供宾客随心选择。它是资产阶级餐桌的重要元素。在饭店里，餐桌上的银制器皿首先且最常用于放置香料、芥末、盐、油、醋和各种各样的果酱，食客可以随时取用。

后来，奢华的银餐盘或镀金银餐盘大量地被陶瓷盘所取代，与此同时，制作酒杯和水瓶的波希米亚水晶转变为铅水晶，即所谓的“英国水晶”，这种材料很快以其低廉的价格占据了餐具市场。

餐厅在资产阶级家庭用具的构成中扮演了重要角色。面对挑剔的食客，餐厅必须找到用来盛放不同菜肴的不同餐具，于是，餐厅老板请求供应商用新出现的材料，比如细陶、铅水晶、乳白玻璃、银合金等，制造一些特殊形状的器皿。就这样，丰富多样的物品出现在餐厅，继而出现在巴黎和外省显要人物的饭厅里。

用餐新时间

巴黎餐厅的成功还在于改变了用餐时间和用餐习惯。按照传统，一日三餐是这样安排的：午餐意味着打破夜间禁食，其词源为“jeûner”，主要是浓汤搭配鸡蛋，早上八九点吃；晚餐安排在一天的中间①，通常在正午开胃散步后，两点到四点之间吃；宵夜②在晚上九点或十点，即巴黎下午五六点的演出结束之后。

18 世纪，用餐习惯发生了变化，克雷格·科斯洛夫斯基将之称为“礼仪习俗的晚间化”[7]，这一变化与新的沙龙风尚密切相关，阿兰·卡邦图也说“用餐时间越来越晚”[8]。几十年内，晚餐和夜宵的时间大大推迟。旧制度末期，都市精英们在六七点吃晚餐，晚上十点

① dîner，来源于拉丁语 meridianus 或 dianus（一天的中间）。——译者注
② souper，来源于拉丁语 subvesper（晚祷之后）。——译者注

以后吃宵夜，要比 17 世纪末晚两个小时。

这种情况下，人们在中午时分安排了第四顿日常餐食，往往被称作“叉子午餐”（déjeuner à la fourchette），而每天第一顿点心则被称作“早餐”，提前到早上七点。路易－塞巴斯蒂安·梅西耶再次成为新习惯和习俗的珍贵记录者，他在 1798 年写道：“我把一天四顿饭视为一天的首要事务。”[9] 从他的文字中，我们可以了解到他并非唯一这样做的人，“在新巴黎，所有人的味觉都被唤醒了。当一个普通工人每天可以赚到两百埃居时，他更习惯于把钱花在好吃的东西上。他会去餐厅吃晚餐，除了肉丁白菜，他也会点水田芥鸡肉。”[10]

对餐厅而言，这是一个良机，因为从此以后从早上到晚间可以供应三顿饭，除了早餐。客人变得更多了，厨房里做菜的速度更快了，提供的菜单也越来越丰富。

餐厅开始在中午提供“叉子午餐”，虽然并不常见，但在一些鼓励这顿餐食的餐厅中发展起来，比如费弗里耶餐厅、哈迪夫人餐厅（Mme Hardy）和吃奶的牛餐厅。这些餐厅提供的食物有香肠、腰子、鸡翅、肋排，配上茶、奶油咖啡、酒、柠檬水和杏仁糖水。

晚餐晚上七点左右开始，特别针对那些整个白天都在工作的人和刚刚看完表演的人，这一群体主要包括神职人员、职员、生意人，还有手艺人和小摊贩。

宵夜依旧是那些著名餐厅里最受人喜欢的一餐，是节日爱好者和无所事事之人晚间生活的开始。根据葛立莫所言，宵夜成为“最愉悦、最无拘无束的一顿饭，人们可以尽情享受餐桌上的美食，沉浸于交谈、社交与亲昵的魅力”[11]。夜晚的时间性变了，夜餐的可能性大大增加，愈发丰富。

大革命突显了用餐时间和饮食习惯的这种变化，因为根据议会工作的需要，国民议会规定了新的行为规范。政治会议开始于早上，确认当天日程，总结前一天事务，接待代表团，完成特别委员会的工作。但只有到了下午早些时候，议会大厅才会真正对主要议员和演说家开放，这就留给他们充裕的时间享用“叉子午餐”。

龚古尔兄弟在《大革命时期的法国社会历史》中描述道：“他们不得不在会议之前吃饭，这样才有力气参与辩论。这一革新要归功于哈迪夫人，她想到了在她于杜伊勒里咖啡馆的大厅中摆放一个小小的冷餐台，台子上放羊肋排和羊腰子。这个做法起初让前来打听的客人们感到诧异，当她告诉他们这只是对午餐的补充时，他们渐渐开始习惯更丰盛的午餐，拿起叉子在盘子里再加一点猪血肠、香肠、烤肉和甜品。”[12]此外，葛立莫也证实午餐被纳入了新的餐饮策略，他说：“自从巴黎人在晚上七点吃晚餐以后，午餐就成了真正的一餐，在很多餐厅，午餐和晚餐或宵夜之间的差别只在于午餐没有汤，以及三道菜合而为一。”[13]

晚上六七点，议会的议员和旁听席上的听众才会出来吃晚饭，特别是去杜伊勒里附近的维利餐厅、梅奥餐厅、勒加克餐厅、普罗旺斯三兄弟餐厅或博维利耶尔餐厅。

最后，在俱乐部、委员会、分部会议结束以后，或者在新闻撰写和表演晚会之后，便是宵夜的时间了。革命时代彻底改变了享用美食的节奏，政治激情与美食激情的同时产生并非偶然。

服务竞争

食客与食物的关系通过服务实现。餐厅的出现与快速发展在百年剧变中占据一席之地，并强化、加深了这场剧变。餐桌服务建立在两个不同的模式之上，即“法式服务”与“俄式服务”[14]。旧制度时期，相较于后者，前者占绝对优势。

在法国模式中，餐桌服务分为三轮。首先是从浓汤到烤肉之前的全部菜肴，包括冷菜、开胃菜、前菜；其次是所有的烤肉和餐间甜品；第三轮包括奶酪、冰激凌、果酱、小蛋糕、水果和其他甜品。

按照规矩，第一轮服务提供两道汤、冷菜、开胃菜和四道前菜，第二轮提供两道烤肉和四道餐间甜品，第三轮则由客人自主选择。一般是十二道菜，外加甜品，甜品一般是六道左右。

在法式晚餐中，同一系列的菜肴在宾客入座前就得在餐桌上对称摆好，从而让餐桌两边的客人都能看到呈现的菜品，餐桌中间放置一个装饰品（小船、银制器皿等）。第一轮服务结束后，餐盘端走，第二轮菜肴再以同样的顺序摆放在与第一轮菜肴相同的位置，第二轮结束后亦是如此。

这一服务模式具有表演展示的成分，讲究的是“上菜的场面”，与当时的饮食礼仪相融合。19 世纪中期的大厨于尔班·杜布瓦在《传统烹饪》中提出：“毫无疑问，服务完整、精心准备的晚餐会给宾客留下一个美好的印象，也会让东道主感到光彩、大厨感到满意，要懂得将菜肴的精致和考究与餐桌的优雅和丰富结合起来。”[15]在这一情况下，最重要的是侍应总管，他要负责摆放菜肴，还要指挥这场展现烹饪水准的盛大仪式。

兼顾食物的原料、颜色和形状会使餐食的视觉效果更加强烈，然而这样做并不是没有缺点，特别是在需要区分味道以及保持食物完整性的时候。

餐桌的奢华会损害食物本身的味道。以热前菜为例，刚出锅的菜肴很难保持温度，尤其是那些放在最后吃的菜肴，往往做完很久之后才被食用。此外，整套餐桌服务的展示对空间有一定要求：若要呈现贵族盛大的排场，资产阶级家里的饭厅显得太过狭窄，更遑论餐厅里独立的小餐桌了。

为了避免这些缺陷，当时的餐厅老板更倾向于一种替代服务，即“俄式餐桌服务”。热菜不再一起上桌，而是在后厨依次切好放在盘子里，或者直接在热餐盘中分餐，然后送到大堂上桌。

诚然，厨房里菜肴的分碟需要巧妙，更需要速度，这样才能将干净、温热的食物摆在食客面前。此外，俄式服务并不注重视觉的呈现，菜肴看上去没有那么好看，也没有那么诱人，不过，它有两个好处：餐桌上不会太过拥挤，而且食客们不用等很久就能吃到。

最重要的是，俄式服务能让厨房和餐厅之间的组织更加合理高效。这一模式下，厨师的作用远大于餐厅的侍应总管。

19 世纪初，巴黎餐厅广泛采用俄式服务。不过，或许是为了迎合大厨和食客在美食上的自负心理，俄式服务融合了一种仪式，那就是切分之前先对菜肴进行一番展示，比如梅奥餐厅、博维利耶尔餐厅和维利餐厅，这样做的结果是食客身边摆满了甜品和分餐餐桌。

总的来说，两种服务的结合将在巴黎大餐馆中普及开来，让那些怀念“餐桌威严”的人 —— 19 世纪中期的很多美食家和厨师 —— 不至于太过沮丧，欧仁·布里弗就表达过他的失望，当他在一个没什么排场的餐厅里吃饭时，他小声咕哝：“真正的菜肴再也不见了！”[16]

餐厅里的“美食家礼仪”

美食新社交最具系统化的地方之一是餐桌礼仪，当代晚餐仪式真正的大师葛立莫将之称作“美食家礼仪”[17]。吃饭是社会稳定、家庭和睦、职场和谐的一个固定因素，是维系友情的仪式，它遵从于不同时代和社会的某些普遍规则。

关于餐桌摆放方面的礼仪可能有些迷信：不能打翻盐罐，那意味着浪费或蔑视；不能十三个人一起吃饭；餐具不能交叉，特别是刀，那是十字架或武器战斗的隐喻，会带来不幸和死亡；吃完蛋后要敲碎蛋壳，因为空蛋壳会招来恶意（而且可能会在桌子上滚动）。

大部分规矩规定了用餐者合乎礼仪的体态。更特别的是提出了“给嘴巴的建议”。嘴，这个尴尬的器官，有时被认为粗俗甚至下流，在一种礼仪文明的构建过程中必须谨慎地加以控制，无论这种礼仪是宗教的、上流社会的、贵族的还是资产阶级的。嘴，让人得以细细地咀嚼、品味食物，但也可能引发一些堕落的行为，比如食客狼吞虎咽、胡吃海塞、囫囵吞枣、填鸭似的吃、没命地吃、贪婪地吃。

吃东西时嘴巴不能张得太大，不能吃得太大口，不能大声地咀嚼和吞咽，不能弹舌头，不能一口还没咽下去或者嘴没擦干净就喝酒。当然也严格禁止舔盘子、吸食或闻嗅菜肴、对着热菜吹气，也不能吐出已吃进嘴里的食物，偷偷地吐也不行。

手是另一个重要的身体元素，不能用手把玩桌上的物件，特别是不能摆弄面包，因为面包是神圣的，应该得到尊重。但也不能用刀切面包，应该用手撕，这也是对圣餐的隐喻。

那应该如何将双手这占空间的人体组织放在桌上呢？方法因地而异，规定得极为细致：手肘不可以放在桌上，只能把小臂放在桌上。在英国，等菜时要把手放在膝盖上，但这一行为在法国却有失礼貌。喝水的时候，小拇指翘起来是不礼貌的。用手指捏东西吃也不礼貌，除了萝卜、洋鲜蓟、桔子、杏子、李子和某些带骨禽肉。不能用面包蘸餐盘上的酱汁。至于双脚，不能抖动，也不能脱鞋。

餐具本身也有固定的摆放方式。不能翻看盘底的产地信息；不能倾斜餐盘去喝剩下的酱汁和浓汤；不能在脖子上系餐巾，也不能把餐巾铺在膝盖上，餐后不能把餐巾叠起来。把勺子拿到嘴边时，法国的规定是勺尖冲着嘴巴，英国则是勺边冲着嘴巴；叉子不能划破桌布，不能扎破餐巾，它是用来剥桃子、梨子或苹果的皮的；刀还有一个新用途，就是切奶酪，切成小块的奶酪可以放在一块面包上，以前奶酪是用勺子吃的，而且只有男人可以吃，女人则吃果酱、奶油和饼干。所有脏了的餐具应该放在桌布上，而不是放在餐盘里，勺子除外；勺子只用来喝汤和吃甜品。

酒和水全程出现在餐桌上，放在宾客手边或面前，“每个人都可以在想喝的时候随意选取”[18]。葛立叶告诉我们，这样的革新令人们感到“幸福”，我们不用再去要求服务。的确，一旦开始吃饭，“再去要求提供菜或者酒一点也不礼貌”[19]。现在轮到服务生主动迎上去，在宾客开口前满足宾客的要求。除了摆在手边的掺水的红酒，还会在喝汤之后上两小杯纯红酒作为“餐后酒”，在烤肉之后上两小杯纯红酒作为“餐中酒”。

餐厅引入了这些餐桌礼仪，特别是在东道主和宾客分别应尽的责任方面。在餐厅里，发出邀请的一方不再是唯一的主人，而是一个很快发展起来的餐饮接待和服务系统中的一员。布里亚－萨瓦兰这样定义东道主对宾客负有的责任：“邀请某人，让他在与你共处一室的时间里感到幸福。”[20]

餐厅将此视为己任并将责任细分。从餐厅最初出现到19世纪末，餐厅老板既是大厨又是餐厅的负责人。与他一同工作的有一名侍应总管，负责接待和引导宾客入座、呈上菜单；有多名服务员，负责在宾客用餐过程中提供服务；还有一个切肉工，负责切肉和准备餐盘，在后厨或在宾客餐桌旁一个专门的工作台上工作。当然，收银人员必不可少，多为一位女士，坐在进门第一个房间，准备价格单，也就是我们所说的账单。

对葛立莫而言，美食聚会首先是一种交谈艺术和畅谈方式，是一个和谐对话的场合。他在他的用餐指南——《餐桌礼仪基础》中专辟几个章节，用来介绍邀请、接待、宾客座位安排、营养参照、餐桌礼仪和服务，不过，这一指南更核心的内容在于分析“餐桌上的话语”。

模范东道主应当拥有“世俗礼节”和“精神储备”，这是引人入席的第一条件。再好吃的菜都不能代替敏捷的思维和美好的词句；相反，好吃的菜应该和谐地融入一场愉快而高雅的讨论。葛立莫在指南中写道：“用餐过程中，一场气氛活跃的交谈既对人有益又让人舒心。交谈不仅不妨碍用餐，反而会促进消化，它维持了心灵的快乐和灵魂的晴朗。因此，交谈带来了道德和身体层面的双重好处。在沉默中吃饭，即便菜色再美味，都对身体和精神无益。”[21]

这个行家列出了一些可以聊的话题，因为他担心神学问题、“下流的主题”以及与时政有关的“哲学话语”会“成为世界上每一个谨慎之人的绊脚石”[22]。

相反，人们可以“安全地探讨”文学、科学、艺术、风流韵事、演出、“随从的出走”，尤其是美食。谈论盘中所吃之物，最能让食客感到自在，也最有话聊。于是，在美食这一最好的“时代福利”的加持下，交谈触发了“甜蜜的欢笑”和“愉快的倾吐”，还有“贪吃的快乐”。这些无不拉近了宾客之间的距离，用葛立莫的话说，就是“他们可以自由地谈论最重要的话题，但又不用冒任何风险”[23] —— 他将餐厅视为良好社会“吃之稳定”的理想空间。

从套餐到点菜

路易 - 塞巴斯蒂安 · 梅西耶在《新巴黎》中写道：“走进餐厅的时候，服务生会给宾客一份印好的菜单。这是一张折页，人们打开后会思考许久，因为价格不再那么亲民。菜单上有价格，但是看不到菜品的样子，有时候端上来的鳗鱼段看起来像是家具上的一个小轮子。随着价格的上涨，菜肴的分量似乎还减少了，既吃不饱，还要付很多钱。”[24] 正如巴黎美食专栏作者指出的那样，因为看不到菜肴，菜单才要详细、可视。对食客来说，菜单一直是餐厅推荐菜肴唯一的索引，同时还会告知食客每道菜的价格，“价目表”在很长时间里都是菜单或套餐的同义词。此外，菜单也是巴黎餐厅快速转向俄式服务的明显表征。更重要的是，菜单本身也成为一种餐厅标识，是餐厅的名片，是媒介与质量保证，同时也是名誉。总之，菜单成了大厨兼老板招揽顾客的手段之一。

风格和菜单是餐厅必不可少的元素，而二者之间的对比铸造了餐厅的身份。食材展示必须严格，关于这一点，《传统烹饪》的作者认为：“要避免惊人的着色，因为过度着色不仅不会让菜肴变得精致和高贵，反倒有可能使其失去真正的特色。菜单要雅致、简洁，也要真实、可靠。”[25]另外，菜的名字要极尽修饰，不过有时候也会显得浮夸或多余到可笑的程度。梅西耶就曾指责菜肴不是遵循“矫饰的命名”，就是被冠以“细节繁复的名称”。他嘲笑这个很法式的怪癖，说巴黎餐厅“竟会因菜单里没什么东西而得意”。他说：“对一个大厨来说，拟一份洋洋洒洒的菜单要比做一顿简单却优质、整齐、口味完美的晚餐容易得多。”[26]如葛立莫所言，“对菜单的讨论和安排绝不是一件小事”。

巴黎最主要的那些餐厅都将菜单作为自身的一大特色。他们首先会评估和判断菜单的丰富度和多样性，试图与旧制度下只有一种套餐和菜色重复的客栈、熟食店、小酒馆拉开差距。每家餐厅都有自己的特色菜，有些特色菜还很有名，比如土豆鸡汤和芹菜炖小牛肉。

与之相对的，食客们赋予自己一种新的时代价值，即选择，作为他们为菜单上每道菜支付金钱的补偿。他们的选择定义了餐厅，是餐厅存在的保证，是对大厨的才华、身份和名誉的考验。很快，菜单的价值不再与最初的“价目表”一样只限于实用性，而是成了餐厅的标志。

我们还能看到普罗旺斯三兄弟餐厅、维利餐厅和博维利耶尔餐厅在内的一些主要餐厅的几份原始菜单。每次翻阅，我们都会感到惊讶：竟有两百多道不同的菜肴可供食客挑选！这些菜肴构成了规模庞大的一餐，吃完一顿饭就如同跑了一次障碍赛。汤、肉酱、冷盘、前菜、鱼、烤肉、蔬菜、餐间甜品和餐后甜品，接连要上至少九道菜，每道菜都有九到三十种不同选择。

如果通过 1804 年德国旅行家科策布（Kotzebue）的笔记对维利餐厅的菜单进行粗略的研究，我们就不只是震惊了，而是会感到惊惶：“首先，我们要在九种汤中做选择，然后在九种肉酱中做选择。不喜欢甜食的可以选择吃十苏一打的牡蛎，侧厅里还有专门开牡蛎的女人。接着，要在二十五种冷盘中做选择，你会尝到圣梅内乌尔德猪脚、香肠、血肠、套肠、酸菜、腌鱼……只有人们对我提到的菜有所了解，才能在三十一道野禽肉或家禽肉以及二十八道牛羊肉中做出选择。这个选择更难，因为出现了很多人们不太了解的技术词汇。比如，谁能猜到鸡肉蛋黄酱、禽肉肉冻或烹调小羊排是什么样的？人们常常被一些奇怪的菜名欺骗，然后点到既没能满足味蕾期待又没能满足喉咙期待的菜肴。同样，鱼类也有二十八个不同的品种，如鳗鱼、鳕鱼、鲤鱼、鲑鱼、鲟鱼、梭鱼、鮈鱼、鲜鳕、牙鳕、鲭鱼、鲈鱼、多宝鱼、鳎鱼、鳐鱼、西鲱、胡瓜鱼，你可以根据一天内的胃口和喜好做出不同的选择。必须承认，鱼类爱好者在巴黎可以吃得很好。”[27] 一大段描述到此结束，然而这只是三轮服务中的第一轮，他还没提到十五种烤肉、四十四道餐间甜品、二十多种蔬菜、三十一道甜品，也没提到二十二种红葡萄酒、十七种白葡萄酒和其他“长长的酒单”。

我们注意到餐厅之间的竞争在不断升级，这种竞争让美食种类迅速增多，然而我们很难想象什么样的食客才能吃得下这么多菜。英国人约翰·迪恩·保罗（John Dean Paul）通过他的极端体验得出结论：“我们吃得这么饱，甚至吃到想吐，再也不想在巴黎多待一刻了。”[28]菜单是享乐过剩的体现。

菜单（carte）一词，既指菜单，即布里亚－萨瓦兰所定义的“包括菜名和价格的清单”，又指现代意义上的账单（addition，这个词直到19世纪中期才在巴黎餐厅中普及）。食客要在收银台付款，收银台通常由一位女性负责，有时候是餐厅老板的妻子，比如梅奥太太，她是巴黎收银台最美的面孔之一。

我们还能看到一些具有代表性的账单，比如1790年威代尔先生在博维利耶尔餐厅就餐后拿到的发票：“比斯开螯虾汤，6里弗尔；普罗旺斯乳鸭，9里弗尔；石榴鲤鱼白，15里弗尔；小乳鸽，16里弗尔；蛋黄酱鳗鱼，9里弗尔；鲑鱼头，9里弗尔；多宝鱼一条，24里弗尔；科镇鸡，10里弗尔；香槟松露，9里弗尔；芦笋，6里弗尔；洋鲜蓟，2里弗尔；苹果奶油布丁，3里弗尔……价格总共为118里弗尔。”[29]博维利耶尔餐厅“菜单的夸张程度”让布里亚－萨瓦兰大为恼火，他在看到菜单后体会到了“至少一刻钟的痛苦”[30]……不过，花一小笔钱度过一个美妙的夜晚，这是巴黎的一大优势，引得全世界都开始向往这座光之城。

最后，不要忘了餐厅竞争的另一个结果：餐桌礼仪体系自然而谨慎的延伸，隐蔽的小房间，“第四道”服务，菜单上没有写、但标明了价格的最后一行。那就是餐厅附近厕所的增加。尽管葛立莫、布里亚－萨瓦兰和欧仁·布里弗对此没有提及，但是随着人们的肚子被慢慢填满，这一现象的出现似乎不那么让人意外了。

只有有着恶趣味的梅西耶关注到了这一点，还以此取乐。读到他的话，我们也会发出粗俗怪异的大笑：“这个现象再合理不过了。我们在皇家宫殿周围看到，那么多的餐厅老板划好了自己的地盘和一个个独立的小房间，它们彼此之间距离很近，如同蜂巢里的小格子，这就是为食客建的厕所，收费每人 18 苏。它想，那么多的松露火鸡、鲑鱼、美因兹火腿、野猪肉冻、布洛涅香肠、肉酱、红酒、烈酒、果汁冰糕、柠檬水、冰激凌应该找到一个共同的贮藏室，这个贮藏室要足够大，特别是要足够方便，才能为这么多的食客服务。后厨里的‘残渣’对它来说是一座银矿。的确，每年至少 11000 到 12000 里弗尔的收入证明了投机商的机敏。”[31] 都只是虚荣罢了……

菜谱

两位作家－食客

大仲马喜爱烹饪与美食。这位贪吃的文学家还写过一本《美食词典》[①]，在他去世后不久得以出版。词典里收录了他最喜欢的一些菜谱，特别是一道“使人恢复气力”的烤兔肉，需要一个得力的帮手和一颗仔细的心才能把它做好。至于雨果，他喜欢吃用阿马尼亚克烧酒火烧的小牛腰，这道菜谱是英国人咖啡馆和康卡勒岩石餐厅的大厨于尔班·杜布瓦送给他的。

大仲马甜菜沙拉

① *Le Grand dictionnaire de cuisine*，译林出版社已于 2012 年出版，书名为《大仲马美食词典》。——译者注

甜菜，小洋葱，红色长形土豆，洋鲜蓟心，苏瓦松长豆，金莲花，水芹

最好的甜菜沙拉是甜菜搭配小洋葱、紫红小土豆片、切碎的洋鲜蓟、蒸好的苏瓦松长豆，还可以在里面放些金莲花和水芹。

大仲马

《美食词典》，1873 年

大仲马烤兔肉

兔子 1 只，鸡翅 1 只，山鹑翅膀 2 只，松露 1 颗，一些香肠肉，洋葱，欧芹，蒜，其他香料（根据个人口味）

敲昏兔子，剖开肚子，尽可能去血，取出肝，用肝、血、1 只鸡翅、2 只山鹑翅膀、1 颗松露、一些香肠肉、洋葱、欧芹、蒜和香料制成一份肉糜，再加入一块有盐黄油和一些胡椒。把肉糜放入兔子的肚子，填塞到

即将下崽的母兔肚子大小的程度。把兔子后腿朝上挂在阴凉干燥处，保持悬挂状态 36 到 48 小时，使其充分入味。将兔子皮穿在铁钎上，在火上转动，注意不要洒水。兔子会从内到外自然渗出水分。兔子烤熟冒出小烟时，从火上移开，也可以从铁钎上拿下来，用左手捉后腿，右手拽尾巴，兔皮就会脱落。准备一小块香草黄油，与兔肉一同食用。

大仲马

《美食词典》，1873 年

维克多·雨果牛腰

酥皮面团，小牛腰，鸡蛋 1 颗，阿马尼亚克烧酒，赫雷斯白葡萄酒 1 汤匙，口蘑，黄油，牛肉高汤

准备一份能包裹住牛腰的船形酥皮面团。注意面团要偏干一些，也就是说不用水和牛奶，只用全蛋液制成。将覆盖油脂的牛腰放入烤炉烤 15 分钟左右。接着将烤制后的牛腰放在平底锅中，充分煸出油脂，用

阿马尼亚克烧酒火烧。加入一勺赫雷斯白葡萄酒，盖上盖子，焖几分钟。另外用黄油炒口蘑片，调味，烧熟。在酥皮上铺满口蘑片，再放上牛腰。将煎牛腰的平底锅放在火炉上，加入一点口蘑片、一勺高汤，放入黄油融化后浇一层在牛腰上。搭配炸薯球一起食用。

安托南·卡雷姆

一位艺术家的诞生或高级料理的问世

烹饪传说心悦诚服地为安托南·卡雷姆戴上了顶级大厨（或主厨）的白色高帽。皮埃尔·拉坎（Pierre Lacam）在1883年初的《糕点师与糖果师杂志》（*Journal des pâtissiers-confiseurs*）中写道："1823年，在远征西班牙后，贝雷帽和直筒高帽在优雅的女士中风行。一天晚上，卡雷姆给奥地利使团提供晚餐服务时，看到一个漂亮的小姑娘进了厨房，她是餐厅的老主顾，戴着一顶白色无边帽，看上去很适合她。'我们戴的帽子太难看了，看起来和病人的一样，我们能不能换成这种可爱又轻便的帽子呢？'第二天，卡雷姆就戴上了这样的帽子，随后很快在全世界的餐厅普及开来。"

在甜品专栏作者皮埃尔·拉坎看来，这是一次加冕：新的厨师之王迎来了荣誉的巅峰，他创造了专属于自己的王冠，成为烹饪行业第一位艺术家。这个故事似乎太过美好，显得有些不真实。它的确是假的……不过，那个时代确实有可能快速地用无边贝雷帽取代了旧制度时期的白色（或黑色）软帽——厨师戴棉帽、工人戴羊毛帽、学徒戴布帽。

但是，抛开假定事实不谈，如果六十年之后卡雷姆的故事依旧让人信服，那是因为他一直是烹饪界最受赞誉的大厨，是他重新定义了烹饪的方式以及谈论烹饪的方式，似乎只有他是最有权利成为第一个戴上象征主厨声誉的白色高帽的厨师。

如果我们深入观察，细细阅读卡雷姆写的东西，就会发现厨师帽的传说……也不完全是假的！只是它的发明另有一段截然不同的来龙去脉。促使卡雷姆这么做的，并不是小女孩贸然闯入这样的场景，而是他本人对烹饪艺术的独特想法。要想区分大厨和其他厨师，就得给他一顶大厨帽……

正是这样，卡雷姆在写《法国膳食总管》时意识到了厨师帽的改进："我在 1821 年第一次去维也纳旅行的时候，有了把我的厨师帽用圆形纸板撑起来的想法，帽子被做成了八角形，这让它看起来更高级也更优雅。每天早上十一点左右，我都会为斯图尔特勋爵阁下 (英国大使) 呈上晚餐菜单。大使看看我，笑着对我说：'这个新发饰更适合像您这样的大厨。'勋爵的话让我意识到一个厨师应展现健康的状态，然而我们日常戴的帽子让我们看上去很像康复期的病人。"[1] 也就是说，卡雷姆不是因为意外事件才发明了厨师帽，而是为了区别于病人。

作家大厨

卡雷姆受到了一致尊重，因为他是唯一一个既是大厨又是美食家的人，他的身份和地位毋庸置疑。[2] 葛立莫是一个出色的晚宴东道主，但他不会做黄油酱汁；博维利耶尔是餐厅老板，他善于谈论烹饪，还将主要食谱收入回忆性的文集《厨艺》中，但是他的文本不涉及哲学范畴，也不涉及美食作品的生理学意义。

卡雷姆与他们不同，他主张一种只有通过实践才能掌握的知识，这是美食家和文人无法企及的。他甚至严肃地反对“理论家”，因为他认为“艺术和手工艺有自己的语言，在实践者眼中，一个写他完全不知道之物的人极其可笑”[3]。特别是对葛立莫，他既表示尊重，又揭露其局限：“他可能为烹饪学做了一些贡献，但对烹饪艺术的快速发展没有任何作用。现代烹饪的兴起要归功于塔列朗执掌外交部期间组织的大型晚宴，而不是归功于《老饕年鉴》的作者。”[4]

卡雷姆也不满足于大厨的角色，他曾对“菜谱供给者”和“被厨房琐事所困的学徒”极尽苛责。“烹饪书籍”成为美食文学的一个主要类别，但他无法忍受这类书籍的风格：详尽而乏味地罗列菜谱，不是混杂着细枝末节的行话，就是显得不知所云。

卡雷姆对烹饪专论晦涩而混乱的语言进行了再创作，赋予它诗意和哲学的形式及一种古典的风格，同时，作品因穿插了学术和历史的题外话而更显分量。为了避免写出“贫乏的法式烹饪概述”，他建了一个藏书室，在里面贪婪地实践，寻找真正的大师。他提到很多不那么出名的作家和作品，比如莱默里（Lémery）的《食物词典》（*Dictionnaire des aliments*，1709）、文森特·拉夏佩尔的《现代厨师》；还提到很多稀奇的见闻，比如勒格朗·德奥斯（Le Grand D'Aussy）在《法国人日常生活史》（*Histoire de la vie privée des Français*）中写到的“高卢盛宴”，巴泰勒米神父在《年轻的阿纳卡西斯的希腊行》（*Voyage du jeune Anacharsis en Grèce*，1788）中描述的希腊人的饭食。卡雷姆做出了他的个性化选择。除此以外，他的哲学阅读也很独特，他特别喜欢读卡巴尼斯，也对古代饮食学论著和游记兴趣浓厚，比如科尔纳罗和他的《朴素生活专论》(*Traité de la vie sobre*，1558)。

卡雷姆真正的抱负是成为他所在的烹饪实践领域的作家：立足于他掌握的专业知识，实践真实的书写。这些对他而言是警句、格言、思想的口味和艺术，将融入他的烹饪日记和工作记录。

他的大作《十九世纪法国烹饪艺术》（*L'Art de la cuisine française au XIXe siècle*）汇集了他的愿望。作品因采用一种古典风格的笔触而格外生动，又因诗意的回忆和引发联想的举例而颇富创造性。作品的副标题《关于原汁高汤和清淡高汤、浓汁、调味汁、法式浓汤和外国浓汤、大鱼块、大大小小的酱汁、炖菜和配菜、漂亮的肉块、火腿、禽肉和野味的基础论著和实践论著。附：益于烹饪艺术发展的厨艺论述和美食论述》充分展现了这一点。

发表于1828年、内含作者二十五幅版画的《十九世纪法国烹饪艺术》，既是一份囊括了六十多道菜谱的“实践论述”，也是一本关于法国餐桌历史的信息丰富、考究多元的概述，追溯了古代的饮食文化，还花了几百页的篇幅描绘国王、王储、皇帝招待的宴席。

我们同样能在作品中看到这位不断进行餐饮实验的大厨的私人日记，还有他“关于作品内容的批注和观察”，以及“他亲手书写的记忆”笔记整理。卡雷姆同往常一样毫不谦逊地说：“我有一个极好的习惯，那就是每天晚上回家后记录下我在工作中所做的改进，每天都会有变化。这些笔记是我一生的思考。它们意味着如此多新的困难、如此多的担心和顾虑，而我在夜晚的工作又这般折磨着我的身体和头脑！天蒙蒙亮，我又得去菜场。”[5]

最后，《十九世纪法国烹饪艺术》呈现了一位美食道德学家特有的内在哲学格局：在第二卷中收录了近两百条“作者的警句、思想和格言”。这传递出卡雷姆最真实的抱负，简单概括起来就是：“因其品味和身份，厨师就是美食家。”他最珍视、最执着的愿望就是找到支持他事业的资助人，他写道：“有钱人要想信任一个餐厅老板，就必须了解他的道德和才智，因为他将成为‘另一个自己’。厨师在餐厅里表现得好与坏都会成为他的作品：他周围的人会因为他的珍贵选择而感到幸福。”[6]

当卡雷姆要在《十九世纪法国烹饪艺术》的扉页写上自己的姓名时，将最终铸就一个名字：他第一次签下了“安托南”（Antonin）……从巴黎迷茫的孩子“小玛丽－安托万”（Marie-Antoine），到听起来像是帝国姓氏的“安托南”，这位作家－大厨通过称呼创造了自己。后来他俯瞰美食、地位超然，甚至到了狂妄自大、蔑视同行的地步。他一上来就在《序言》中对同行们声明：“你们都不是创新者，大家都已经意识到这一点了。是的，先生们，我大胆地告诉你们，你们从不曾知晓你们从事的艺术之美。你们都平庸、渺小。”[7]卡雷姆立下了成为最伟大厨师的雄心壮志。

一位膳食总管的一生

卡雷姆讲述了自己的人生，如同一部感性的家庭小说，是街头小孩成为一个刻苦的学徒，通过辛勤与成就赢得绶带的故事。大仲马在《美食词典》中颂扬了这个富有戏剧性的故事："像忒修斯、罗慕路斯等帝国缔造者一样，卡雷姆也是那种迷失的孩子。1784年6月7日，他出生在巴黎巴克街的一个工地，父亲在工地上工作。家里有十五个孩子，父亲不知道如何养活这些孩子。在小安东尼十一岁的时候，一天晚上，父亲带他去吃晚餐，然后把他留在了大马路中间，对他说：'去吧，小子，世上有很多好活计。留下我们自己受苦就够了，不幸是我们的命运，我们注定死在这里。'"[8]这人生一课和经典故事成了卡雷姆的重要组成部分，让他从一开始就从事艰苦的劳动，另一方面，也让他走进传统。他学得又好又快，强度还很大，他也一直精进所学、学以致用。

卡雷姆是一个为旧式烹饪服务的现代人，他为一个似乎在19世纪初显得过时了的职业，即“为世界上大人物服务”的膳食总管，带来了新的光辉。从这个角度讲，卡雷姆与烹饪史和餐厅是背道而驰的，他无视了餐厅是贵族饮食习惯的民主化，是资产阶级和城市机构及新的享乐文明的同义词这一点。在他看来，普通、朴素的餐厅任何情况下都不能让他展示他在饮宴排场方面拥有的天赋。不过，与此同时，相比王公贵族的过去，卡雷姆更多地看向了“大厨”的未来。大厨们将要通过与彼时占据优势的资本主义庞大的资源相结合，锻造出他们需要的荣誉和自傲，以便在豪华旅馆里摆好餐桌，同时满足王公大臣、世界各地的权贵和资产阶级精英。

在讲述这个引导他穿梭于欧洲各宫廷的梦想之前，让我们再次回到玛丽－安托万·卡雷姆被那个不堪忍受家庭和债务重压的父亲抛弃后的青少年时期。在流浪几天之后，他在一个小酒馆老板那里找到了容身之处，做了廉价小酒馆的服务生，以换取一个房间和日常吃食。他的才干很快得到注意，快到十三岁时，他成为在薇薇安街皇家宫殿旁开店的著名甜品师贝利

（Bailly）的学徒。他的人生就此改变了，因为他找到了后来让他声名大噪的东西，那就是蛋糕。

这个年轻人对甜品有了一个很高级的概念，他认为甜品应该与建筑和几何艺术融合起来，而不只是简单的美味吃食。他找了一些模型，大多是勒诺特尔[1]式花园和帕拉第奥[2]柱廊，而不是瓦岱勒餐厅或梅奥餐厅。贝利很赏识他，允许他自由外出，去附近的图片收藏部绘图或去当时的帝国图书馆研究建筑概述和园林论著。这位甜点大师还明确表示，要是他的学徒有了更好的选择，可以随时离开他自立门户。

十七岁时，卡雷姆晋升为贝利家的“首席面饼师”，听命于他真正的师傅让·阿维斯（Jean Avice），后者是外交部所在的加利费公馆的甜点师。这是卡雷姆的机遇，是他成为大厨的契机。当时外交部的负责人是塔列朗，他从1789年主张教会改革以来取得了一些成就，已成为帝国政权的主要人物和无可争议的外交领袖。彼时，在皇帝的支持下，他正在发展一种被称为“外

① 安德烈·勒诺特尔（André Le Nôtre，1613—1700），法国景观设计师，路易十四的首席园林师，凡尔赛宫苑就是他设计的。——译者注

② 安德烈亚·帕拉第奥（Andrea Palladio，1508—1580），意大利建筑师，被认为是西方最具影响力和最常被模仿的建筑师之一，他的设计作品以宅邸和别墅为主，最著名的是位于维琴察的圆厅别墅。——译者注

交美食”[9]的政策，不过皇帝本人对烹饪不以为然，也不在意确保他在欧洲征战和树立权威的条约。

1803年，拿破仑出资为塔列朗买下了位于贝里省的瓦朗塞城堡，这个地方距离巴黎两百五十公里。卡雷姆在加利费公馆工作了一段时间后，入住城堡。这里将会成为外交会晤的场所、“见证欧洲风云的台桌”：一张是谈判桌，一张是美食餐桌，而烹饪艺术将促成最艰难的谈判。卡雷姆名声大涨，承担了为首席执政（即拿破仑）或塔特朗组织的宴会制作甜点的任务。塔列朗在搬到瓦朗塞后，交给这位二十岁的年轻大厨一项任务，即制作一整年的菜单，而且不得重复，只能使用当季食材，尤其是城堡园丁配置的食材。卡雷姆接受了挑战，也在塔列朗的厨房里精进不少。

塔列朗非常鼓励卡雷姆创造一种新的美食风格：更讲究，更精致，更注重新鲜香辛类蔬菜的使用，用更少的配料调制更精妙的酱汁。塔列朗的餐桌闻名世界，卡雷姆也成为真正意义上的欧洲烹饪第一人和法式料理“主厨”[10]的先行者。

对卡雷姆而言，拿破仑与塔列朗让“膳食总管”这一职能复生，厨师成了一个团队的负责人，手下有十几个助手，他们以不同的身份在一个严谨而互为补充的组织机构里行事。否则卡雷姆就会不快地说“一切都乱了”[11]。

那个时代最讲究的美食家之一、拿破仑的宫廷长官屈西侯爵（marquis du Cussy）注意到，卡雷姆在后厨与服务之间找到了准确的位置。他制订菜单、筹备晚餐仪式，或者说筹备一季的晚餐：“除了拥有做厨师的特殊技艺，他还具有当组织者和指挥者的才干，以及难得的作为主厨的才能。思路开阔的厨师身上总是体现着主管的特质，而且他需要成为这样的人。当卡雷姆获得了职业的修为，当他掌握了菜谱的奥秘，他便从他的经验和阅读中总结出一套服务理论。他根据季节来制订菜谱，并明确采购的数量、贮存食材的规则、工作人员和帮手的职责，简而言之，他在做自己的管家。”[12]

在此期间，卡雷姆开了自己的第一家店 —— 和平街甜品店，一直经营到 1813 年。他的“塔式蛋糕”在巴黎大受欢迎。这种结构设计巧妙的甜品可以用来装饰餐桌，在贝利甜品店和他自家甜品店的橱窗里均有展出。他制作的这些蛋糕有时候有好几法尺①高，完

① pied，法尺，法国古代长度单位，1 法尺约合 33 厘米。——译者注

全用糖、杏仁膏和甜品制成。他临摹建筑史书籍中的建筑结构，把蛋糕做成庙宇、金字塔和古代遗迹的形状；他还从文艺复兴时期汲取灵感，巧妙设计蛋糕模型，原料采用彩色杏仁蜂蜜蛋白酥和大块牛轧糖。不可否认，对于前来欣赏这些橱窗作品的大众而言，对于有幸品尝这些甜品的权贵而言，大厨已经成了艺术家，并且是那个时代唯一一位用糖搭造不朽建筑、用水果和杏仁膏绘制五彩画卷的艺术家。

再者，帝国为卡雷姆实现抱负提供了舞台。在1810到1812年间拿破仑组织的大型舞会上，他的才华发挥得淋漓尽致，他在他重要的作品《国家甜点师》（*Le Pâtissier national*）里也谈到了这一点。这些舞会展现了一个新的社会，与摆放着卡雷姆甜点建筑的巨大冷餐台相互辉映。哪怕是为千人规模的舞会提供食物，为300位宾客提供茶水，为在卢浮宫大画廊里围绕管弦乐团摆开的十二张桌子边入座的1200位宾客提供晚餐，卡雷姆看起来仍然游刃有余。

只有过度之事物才能衡量一位天才的能力，让-克洛德·博内将他称为“厨房里的拿破仑”[13]。1812年2月的狂欢节，杜伊勒里花园举办的双重舞会是欢庆的高潮，新的统治阶级熠熠发光。“法国宫廷从来没有这么闪耀过。”迪朗（Durand）将军写道。[14]“拿破仑在庆祝和娱乐的同时还谋划着攻打俄罗斯帝国……没有一天没有表演、音乐会、蒙面舞会，没有一天没有天才卡雷姆精心制作的美味甜品。”布瓦涅夫人回忆道。[15]

1814年9月到1815年6月的维也纳会议期间，卡雷姆的名声传遍了整个欧洲，因为他是塔列朗最关键的外交卡牌。拿破仑失利后，外交家在谈判桌上处在弱势地位，不过卡雷姆的法式料理却获得了诸多称赞。他们在维也纳不仅绘制了一张新的欧洲地图，同时也起草了一份关于统治阶级饮食口味的规范，而卡雷姆的艺术是这份规范的拱顶石。

拿破仑倒台后，卡雷姆开启了一段享誉国际的职业生涯，不过他始终对皇帝保持忠诚，还在《十九世纪法国烹饪艺术》中致敬这位“古代和现代最伟大的将领”[16]。卡雷姆被召到欧洲各国权贵的餐桌边服务。他先去了伦敦，为当时的摄政王，也就是后来的乔治四世呈上最奢华的晚餐。不过，他很快就厌倦了英国王室太过沉闷的氛围和太过朴素的风格。

回到欧洲大陆，他充满热情地接受了沙皇亚历山大一世的邀请，到圣彼得堡发挥他的才干。他带着菜谱和甜品建筑计划去了那里。但好景不长，当他意识到他对于菜品设计没有完全的自由，而甜品对于俄罗斯帝国当权者而言又不重要时，他离开了。因为待的时间不久，所以没能让沙皇及其身边的人欣赏到他的厨艺。接着，卡雷姆去维也纳为奥地利皇帝弗朗茨一世效力，服务于斯图尔特勋爵、英国大使，以及俄国亲王妃叶卡捷琳娜·巴格拉季昂。

与日常的餐厅晚餐或个人餐桌相比，卡雷姆更倾心于被他称作“漂亮的富余”或“伟大的非凡”的，为高级外交官、王储、皇亲国戚准备的晚宴，在这些晚宴上，他指挥着二三百个学徒和助手，倾尽他所有的才干。他说“为了成名，我必须完成这些重要的任务”。[17]

1823 年，过早老去的卡雷姆终于回到了巴黎，不到四十岁的男人看起来像六十岁。在这十年里，他不断受到来自同辈人的赞美。巴黎可能变得太小了，让他无法施展才能。虽然他为把巴黎打造成无可争议的世界美食之都做了很大贡献，但是帝国盛宴已经结束，复辟王朝又不讲究排场，反而更喜欢将烹饪菜肴的任务交给餐厅老板们。不过，卡雷姆写道，他的大部分美食著作是在巴黎度过的那段阴郁岁月中完成的，特别是兼具历史、哲学和理论色彩的代表作《十九世纪法国烹饪艺术》。

最后，他在银行家詹姆斯·罗斯柴尔德身边安然结束了主厨生涯。摩根夫人（Lady Morgan）帮他组织了最后一场极致又盛大的晚宴，在罗斯柴尔德男爵位于布洛涅的城堡中招待250位宾客。在提到这次晚宴时，她说了这样的话："特别的餐桌服务"，"难得一见的灯光"，"闪闪发光的陶瓷和银器"，"菜肴诱人的味道"，"杏仁与蜂蜜实现的令人眩晕的结构"。总之一切奢侈又精致，这也定义了他的风格："布局与晚餐，无不是卡雷姆的表达，丰富多样，把控完美。"[18]

1833年1月12日，这位伟大的厨师在巴黎逝世，享年四十八岁。

卡雷姆改革

卡雷姆因"装饰甜品"而出名，因非凡的贵族晚宴而受到欣赏，同时，他也是他所处那个时代烹饪的大胆改革者。不过，他的抱负并不是革命（在他看来，人类要充分谴责1789年法国大革命植入历史的"混乱"和"暴力"），而是开启一场味觉净化运动，就像克莱尔沃的圣伯纳德极力反对克吕尼修道院的铺张奢华一样。他主张回归最简单的服从规则，严格管理餐桌服务，更好地把控必要的奢侈。卡雷姆厌恶可笑的创新，这在他看来肤浅又刻意。他的熟友屈西侯爵的证言勾勒了一个清教徒的形象："他吃得很少，从不喝酒；他的表达能力很强。他表现出一种斯巴达式的节俭和手工匠人的可靠。"[19]

卡雷姆的改革一直朝着这个方向发展：服务过程中严格遵循上菜次序，删减菜单，简化菜谱，留给餐桌和大堂更多的装饰空间，"从而让空气更好地在菜肴之间流动"，废除"哥特式"繁复的习惯和昔日的复杂习俗。他写道："要通过一种进阶的简约让法国口味不断得到确立。"[20]一切为了再现口味而服务，遵循自然的规律，不要掩盖食材本来的味道，不要让菜肴的味道过重，"（应该）让法国菜更纯正、更醇郁，因为在我们法国宜人的气候及温和的蓝天下结出的产物完全不需要加入过多的香辛料进行烹饪"[21]。

卡雷姆眼中的烹饪是找到协调不同基本口味的艺术，他将其定义为"原始的优雅"。味道反差强烈的菜被搭在一起时，他很生气："还有什么比看到前菜和（餐间）甜品混在一起更可笑的呢？有时候某些宾客不加区分地将前菜和甜品一起吃，还自鸣得意，觉得自己很懂行。”[22]更少的菜，更少的量，不再追求丰盛的堆叠，而是追求连续和谐的统一。让－克洛德·博内写道：“卡雷姆的改革，抛弃了对立口味的结合，选择了基于同一菜系适度差异及柔和协调的新式烹饪。”[23]卡雷姆认为应该实现一种精妙的烹饪单色调；烹饪和语言一样，如果说他将口味具象为法兰西学院，那他排除的正是菜单中“不纯正”“不和谐”“不合逻辑”的菜色。

他的烹饪是“空中的”，“轻盈的”，“云端的”，“雪一般的”，预示了现代的口味，他拒斥沉闷的盛宴。的确，卡雷姆是清汤、浓汤和酱汁的国王。对摩根夫人这样的英国女人来说，这是一个让她欣喜的发现：“不要再用英国香料了，不要再用黑色酱汁了。相反，我们要精致的口味和松露的芳香。植物仿佛还有生命的气息，蛋黄酱似乎是在雪里烹制的，就像塞维涅夫人①的心。肉汤轻得好像能飘起来，糖渍水果冰激凌还有着清新的甜和水果的鲜，取代了淡而无味的英式舒芙蕾。”[24]

因为卡雷姆，厨师成为摈弃过度、追寻调和与雅

① 塞维涅夫人（Mme de Sévigné，1626—1696），法国书信作家，代表作为《书简集》。——译者注

致的艺术家，成为味道的调色师。这条清晰的准则指向一个平衡点，他将之称为“烹饪的精确”。《十九世纪法国烹饪艺术》的作者警告世人：“我不想提点、宣传和支持任何一种可笑而奇怪的，我们有时会在自诩美食家之人的餐桌上尝到的口味。我追求的是卓越的口味，最棒的大厨调和出来的口味，具有力度、优雅、精确，这是现代高级烹饪所能制作的最精致、最好看的菜肴，尽善尽美，合乎礼仪。”[25]

比如一道甘美可口的芦笋佐螯虾汤。

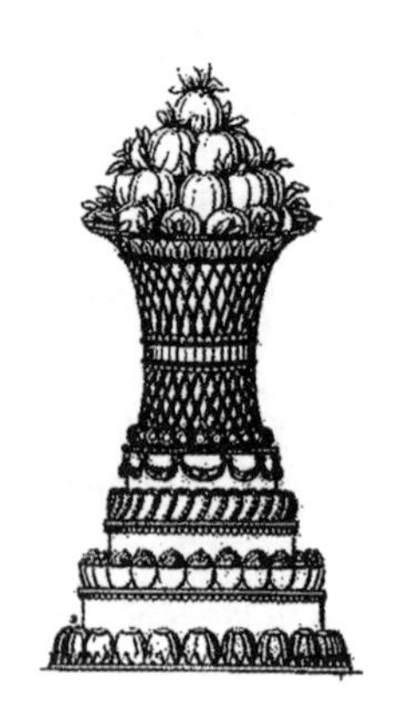

菜谱

安托南·卡雷姆《十九世纪法国烹饪艺术》

安托南·卡雷姆的菜谱数不胜数，特别是《十九世纪法国烹饪艺术》和《法国膳食总管》中收录的菜谱。精细是他烹饪的最大特征，这种精细建立在一种提纲形式和从未停止的对完美的追寻之上，就像下面几道关于浓汤、鱼和肉的菜谱所展现出来的那样。

比斯开螯虾汤

螯虾 50 只，白汤半升，欧芹根，洋葱 1 颗，香料包 1 个，大米 6 盎司（约 170g），黄油

制作 12 到 15 人份的虾汤，需取约 50 只中等大小

的塞纳河螯虾，清洗后，放入 2 勺白汤中煮熟，同时加入一点黄油、一些粗胡椒粉、一点欧芹根、些许洋葱碎和一个口味轻盈的香料包。多次翻炒至螯虾变红。沥干，取出虾尾肉，整理后放在一边备用。把螯虾剩余的肉取出，充分捣碎。再把虾肉泥和 6 盎司米饭放在白汤中，充分搅拌。把这份虾肉大米泥过筛，再在浓汤中加入剩余的白汤，按往常的方式烹制。享用时将煮沸的虾肉米泥倒在盛有虾尾肉和按传统方式烹制的虾黄油的大汤碗里，用汤匙搅动，使之充分混合为浓汤。另配一小碟酥脆黄油面包丁，在喝汤前倒入。

普罗旺斯金枪鱼段

金枪鱼 1 块（长约 15 厘米），洋葱 8 到 10 颗，鳀鱼，香槟 1 瓶，大蒜，百里香，月桂，丁香，牛肉汤汁 1 咖啡勺，番茄汁 1 勺，刺山柑花蕾 2 咖啡勺

约 15 厘米长的金枪鱼切段，刮净，去除凝血，洗净后用白布擦干。半条鳀鱼脱盐，去刺，塞入金枪鱼中。捆扎金枪鱼，放在陶盘上，放入百里香、月桂、蒜、

洋葱碎、欧芹、盐、胡椒和橄榄油。8颗洋葱切碎，焯水，用筛子沥干，倒入热油中。洋葱开始呈现金黄色时，加入一瓶香槟酒，再加入一个香料包（欧芹、百里香、月桂、罗勒叶）、2颗丁香、少许卡宴辣椒、少许盐和1瓣蒜的蒜末。将金枪鱼块放入洋葱汁，置于炉上，文火煨45分钟，然后将金枪鱼取出并保温。过滤汤汁，撇油，取出香料和丁香，留下洋葱；收汁；加入1小勺牛肉汤和1小勺番茄汁；充分混合后，倒入隔水炖锅，再加入洋葱碎、2小勺刺山柑花蕾。将金枪鱼装盘，倒入一部分酱汁，剩余部分倒入船形酱汁杯。

酒汁炖兔肉

小野兔1只，猪膘半磅，黄油125克，面粉2汤匙，红酒1瓶，香料包1个，小洋葱1千克，蘑菇1小盒

取野兔1只（还未交配过的幼兔），去皮，切块。平底锅中放入半磅脱盐猪油膘，加125克优质黄油。煎至微焦黄。加入2汤匙面粉，搅拌均匀，再加入兔肉。倒入1瓶红酒，加入胡椒、盐粒、一个香料包（百

里香、月桂、罗勒叶）、1 颗（戳孔后加入丁香的）洋葱。煮 1 小时 15 分钟，时刻注意火的大小和兔肉的软烂程度，汤汁要浓稠但不要糊锅。取 1 千克小洋葱，在黄油中炒至金黄，倒入一点汤汁、一点糖，放在一旁炖煮到出现糖面，然后加入适量口蘑。兔肉快熟时，取出丁香洋葱和香料包，加入做好的口蘑；尝味，根据咸淡决定是否加盐。关火，兔肉装盘，淋上酱汁，配洋葱和口蘑一同食用。

餐厅大道

巴黎厨艺的象征

1840年12月31日，法国国王路易－菲利普下令禁止在他父亲于六十多年前建立的皇家宫殿花园四周开设赌场，这无疑给巴黎昔日的城市中心判了死刑。赌博和娱乐停止了，这个地方的奢华和热闹也将很快消失。餐厅、咖啡馆、妓院、上流社会沙龙的活力慢慢减退，外省人、外国人、巴黎人都离开了。皇家宫殿著名的拱廊里再也看不到紧跟潮流的巴黎人欢聚在一起的景象。

几年前，也就是1837年8月26日，圣拉扎尔火车站通往圣日耳曼昂莱的铁路线开通，十九公里的路程只要三十分钟就能跑完，时长是乘马车的四分之一。于是，人们蜂拥而至，巴黎城的享乐地理发生了转变：当皇家宫殿没落，林荫大道迎来高光时刻。[1]

皮埃尔·拉鲁斯①的《十九世纪通用大词典》（*Grand dictionnaire universel du XIXe siècle*）给出的定义如下："林荫大道是一条宽阔、壮观的道路，从巴黎马德莱娜一直延伸到巴士底。"[2]可见，这里指的是那条两侧种满树木、建在塞纳河右岸旧城墙遗址之上的散步场所。

---

① 皮埃尔·拉鲁斯(Pierre Larousse，1817—1875)，法国语法学家、词典和百科全书编纂家、出版商。——译者注

最早的规划始于18世纪80年代。1804年，大道服务部依附于铺路部门，建造了两条六米宽的平行侧道，即城市侧道和乡村侧道。之后当时的塞纳省省长朗布多伯爵（comte de Rambuteau）给这两条道路铺上了沥青，并在中间八米宽的土台上种了树。大道两侧是两条人行道，紧挨着楼房，各占三米。这是个宽约三十米的特殊空间，越来越多的人来这里漫步、骑马，与朋友“闲逛”“透气”“压马路”，后面三个短语是随着巴黎大道的出现而出现的。起初人们只在白天活动，照明装置普及后，有人开始在夜晚散步。各种活动场所渐渐在这里选址，包括餐厅、咖啡馆、剧院、马戏团、月光下的夏季音乐会、奢侈品商店、大规模酒店和其他各种各样的娱乐设施。

大道的第一次革新是从乡村小道转变为城市步道，首先集中在东边：圣殿大道从旧制度末期起就是廉价享乐的集中地，后来的大革命时期和复辟时期也是如此。顽皮的孩童，游手好闲的人，市集爱好者，滑稽表演，堕落的游客，欣赏“滑稽戏界的莫里哀”达克莱的人，欣赏尼科莱特和他的“快乐剧院”的人，以及欣赏弗兰科尼马戏团的人，都在这里聚集。巴黎这个最喧闹、最快乐、最古怪的空间里挤满了人，同时也充满了危险，因此这里也被称作“罪恶大道”[3]。

第二次革新是从剧院之路（帝国时期和复辟时期，圣马丁门和圣丹尼门附近全是剧院）转向商业轴心，充斥着各种娱乐活动和感官享乐：从19世纪30年代到美好年代[①]，“林荫大道”（Grands boulevards）处在它的鼎盛时期。[4]

从七月王朝（法国君主立宪制王朝）到20世纪初，成千上万爱看热闹的人日日夜夜在那里消遣，喝茶，喝咖啡，吃饭，看戏，参与多姿多彩的娱乐活动，在树荫下聊天或放松。1844年，记者兼专栏作家路易·吕里纳（Louis Lurine）在《巴黎街道》（*Les Rues de Paris*）中写道：“在这个特别的地方，男人成为王子，心甘情愿地把自己关在这里。这是一个宽敞且讨人喜欢的空间，丰富的资源足以满足人们所有的需求、欲望和喜好。餐厅、咖啡馆、图书馆、豪华浴场、服饰、珠宝、鲜花、所有能想到的表演、漂亮的坏女人、马、车，以及安逸、快乐又别出心裁的乐趣，赋予巴黎的白天以生趣，又贯穿了巴黎的黑夜。对于一个没有朋友也没有向导带领、不经意路过这里的外国人而言，大道

① 美好年代 (La Belle Époque)，法国历史上的一段时期，始于1871年，结束于第一次世界大战爆发。——译者注

如同一面巨大的镜子，在光亮中旋转。它是耀眼的火把，你得习惯从正面看它，就像小鹰直视太阳一样。”[5]

大道的周围受到了权力机构的重视，城市公用设施、生活设施和交通设施都在不断改善。在复辟政权的统治下，1817 年到 1826 年有了煤气灯；1828 年，一条为两匹或三匹马拉的公共马车铺设的道路投入使用，从巴士底一直延伸到马德莱娜。七月王朝时期完工的马德莱娜教堂最终为大道的最西端注入活力。开着漂亮店铺的小路越来越多，比如最出名的全景廊街，它从皇家宫殿周围通向蒙马特大道。饱受好评的表演出现了（常常带有画面投射），更豪华的建筑建起来了，很多街道与死胡同穿插其中。

第二帝国时期，奥斯曼庞大的改建工程贯穿大道区域，推动大道继续向东西两个方向发展：东边有伏尔泰大道，西边有歌剧院及其配套的广场和大道。此外，警方加强了监督和分区控制，昔日那条让资产阶级厌恶的“罪恶大道”终于消失了。但是，对“旧巴黎”的怀念已经开始出现在“旧巴黎”爱好者和书写者的作品中。

同样是在这条大道上，类型不同、质量参差的餐厅纷纷开业，巴黎新的美食中心出现了。

在林荫大道上用餐

去大道用餐的想法成为当时巴黎的一个风尚和习惯。那里的美食地图密集、丰富且独一无二。帝国时期，这张新的美食地图就已有了雏形，从皇家宫殿到林荫大道，餐厅的选址向北迁移了好几百米。皇家宫殿失去了垄断地位：餐厅一开始开在蒙托盖伊街区，比如康卡勒岩石餐厅；随后搬到了圣殿大道上，比如变成餐厅的蔚蓝卡德安客栈－小酒馆，还有的餐厅是在意大利大道上，比如托尔托尼咖啡馆、哈迪夫人餐厅、里什咖啡馆。美食地理同样在向西延伸，勾勒出未来的美食地图：1791 年开业的勒杜瓦扬餐厅在当时还是西边独一家，不过，它预示了香榭丽舍街区将在第二帝国时期获得美食上的声名和成功。

在皇家宫殿，各种各样的娱乐活动吸引着食客们，比邻政治生活中心的优势保证了人数众多、相对稳定的客户群。在林荫大道，散步是主要活动，可以打开胃口、促进消化，它为所有人展示了资产阶级富足、光鲜的外表，不断出现的新奇之物也增添了散步的趣味性。戏剧散场后，开在剧院旁边的餐厅总是坐得满满当当。

1867年，夏尔·若利耶在《巴黎导览》一书的章节《巴黎与生活》（*Paris-la vie*）中，描写了一种典型的散步模式：一半时间乘坐皇家马车，一半时间步行；两个朋友作伴，一个巴黎人，一个外省人。到达薇薇安街街尾，确切地说是走出全景廊街的时候，作者惊呼："我们这是在巴尔扎克笔下的巴黎，我认出来了！"[6]的确，手里拿本巴尔扎克的《人间喜剧》[7]，我们就可以在巴黎美食地图上畅游，就像跟随葛立莫的《美食路线：一位美食家在巴黎街区的漫步》就能走遍皇家宫殿一样。在巴尔扎克看来，林荫大道是这座"可爱城市的金星圆环"[8]。

巴尔扎克是个饕客，关于他，还有两个非常生动的描述。第一个描述来自中短篇小说家莱昂·戈兹朗（Léon Gozlan），他风趣地刻画了巴尔扎克这位水果爱好者站在一个梨子金字塔面前的场景。抽动的嘴唇，放光的双眼，颤抖的双手，"他是素食巨人，拿掉领带，敞开衬衫，手拿水果刀，笑着，喝着酒，切着甜酥梨肉"[9]。第二个描述来自埃德蒙·韦尔代（Edmond Werdet），巴尔扎克的编辑，作家请他在维利餐厅吃过饭：巴尔扎克吞下了一百多只奥斯坦德生蚝、十二个海边牧场羊排、一只芜青乳鸭、一对烤山鹑、一条诺曼底鳎鱼，“这还没算上冷盘和各种配菜，比如餐间甜品、水果，光甜酥梨就吃了十来个；全程配着上好的红酒，都出自最有名的葡萄酒产区。咖啡和酒也是大口大口地喝下肚”[10]。这位写了《邦斯舅舅》的作家第二天将金额高达62.5法郎的账单寄到了他的编辑家里，编辑马上把这笔钱记在了作家账上。

这位饕客也喜欢谈论自己烹饪的菜肴。他絮絮叨叨、热情洋溢，介绍极为细致，有时候还会亲自给宾客写菜单。一切都可以被记叙和讲述出来：鳟鱼、兔子、火鸡、螯虾，还有红酒、利口酒、朗姆酒，他愿意“向全世界的人展示菜肴和烹饪表演”[11]。

巴尔扎克喜欢在巴黎漫步，1826年，他写下了珍贵的《巴黎招牌批评及逸事小词典》，记录了囊括众多绘画与美食歇脚处的路线。他以“街头浪人”自称，在《引言》中描写了当时圣殿大道上最著名的餐厅之一——蔚蓝卡德安的招牌，我们还能从中看到一个“美食家”的生动形象：“他大腹便便，肥头胖耳！他的脸那么红，是波尔多红酒的颜色，好像他刚刚干掉的那瓶波尔多红酒染红了他的脸。他正切着的松露小母鸡吸引了他的全部注意力，整个人迷醉在鸡肉的香气里。”[12]

在夏洛街（rue Charlot）和圣殿大道的拐角，粗犷的画作悬挂在“摆满了上乘小甜品的”玻璃橱窗上，这是一家声誉不错的餐厅，以处理牛腭的方法而出名。沿着圣殿大道走，不远处就是奢华而雅致的德菲厄餐厅（Deffieux），以及巴尔扎克认为是“一个极好的去处”[13]的红雀咖啡馆（Café Cardinal）。

朝西边走，圣马丁大道有迪克鲁（Ducroux）经营的阿那克里翁盛宴餐厅（Au Banquet d'Anacréon），巴尔扎克称这位餐厅老板是“效仿古人的享乐主义者，被隔壁圣马丁门剧院的仙女们环绕着”[14]。在圣马丁门和黎塞留街之间，夜生活和美食生活十分热闹，它们钻进了大街小巷，比如全景廊街（1800年）、薇薇安长廊（1826年）、舒瓦瑟拱廊（1825年）以及市长餐厅（Chez Maire）所在的最奢华的王子拱廊（1860年）。这些街巷里的咖啡馆、小餐馆和普通小饭店，巴尔扎克都“快乐地”用脚丈量过。

再向南走十几米，就到了康卡勒岩石餐厅，巴尔扎克最喜欢的餐厅之一[15]，1835年，作家在《巴黎评论》（*Revue de Paris*）的一篇文章里专门对此做了介绍。他在《美食家和美人报》上看到诗人德佐吉埃（Désaugiers）写了一首很“讨喜”的四行诗，诗名就是《康卡勒岩石》：

喝清水的人请别来
这岩石总是忧愁的暗礁
岩壁不畏雷电
只被红酒的波涛拍打……[16]

在巴尔扎克看来，“康卡勒岩石餐厅的完美被推到了极致，菜肴和酒水的质量都极高，甚至连王公贵族最豪华的餐桌也不是总能达到这样的水准。这里是优质晚宴的传统故乡和庇护之所，它坚持一种真实而彻底的优越性”[17]。在康卡勒岩石餐厅，人们品尝特色生蚝、白葡萄酒、不同做法的鱼。不过最好不要单独前往。巴尔扎克描写过单人用餐的情景：孤独的食客受到了糟糕的接待，被打发到大厅的角落，服务生不理不睬，上的菜都是冷的，“上菜的速度慢得让人难以接受”，总之一句话，“但凡有点经验的人都不会让自己陷入如此窘境”。[18]

“大道最好的地段”位于更靠西一些的区域，

从意大利大道，经由卡皮西纳大道（boulevard des Capucines），到达马德莱娜教堂。1815 年，拿破仑战败后，占领了巴黎的（反法）同盟军将目光聚焦到皇家宫殿，不过那时，巴黎人已经开始去林荫大道散步了。大道经过黎塞留街以及街上有名的弗拉斯卡蒂冷饮店，通向首都最新、最令人心动的街区——一开始叫作“根特大道”，因为时常光顾这里的人多是从国外（尤其是根特）回来的侨胞。

巴尔扎克就是在这个区域找好了位子，开始观察散步者，最后写下了《步态论》（*Théorie de la démarche*, 1833），这是一篇关于爱闲逛和爱美食之人身体摆动姿态的讽刺性社会宣言。短短几个月的时间，他就发现“这里建起来了，人越来越多，成了意大利人的大道，遍地都是餐厅”。

确实，几乎在同一时间，餐厅接连出现：托尔托尼咖啡馆及其招牌糖渍水果冰激凌，哈迪夫人餐厅和招牌扇贝，里什咖啡馆和烤腰子串，巴黎金色之家餐厅和焖肉冻，巴黎咖啡馆和布里欧面包，英国人咖啡馆和冷肉午餐，毕尼翁餐厅和洋葱汤，迪朗咖啡馆和鱼肠，以及其他曾短暂营业的餐厅。虽然生意不一定很成功，但都试着在这个潮流中心找回一点“美食荣光”[19]。

这片区域远离巴尔扎克笔下高老头①住的死气沉沉的伏盖公寓——租客还有伏脱冷和拉斯蒂涅，公寓是他们悲惨潦倒的起点。这片区域同样远离弗里戈多餐厅（chez Flicoteaux），索邦广场上一家热闹非凡、深受学生喜爱的餐馆，只要花二十二苏就能吃一顿晚餐佐劣质红酒，或者十八苏带一瓶啤酒。“菜就那么几道，”巴尔扎克写道，“基本都是女人，鲭鱼活蹦乱跳，土豆永远都有。爱尔兰到处缺土豆，一个也找不到，因为所有的土豆都在弗里戈多餐厅。”[20]

相反，意大利大道接待的是巴尔扎克笔下那些取得成功的人物，先是最优雅的，随后是最丰腴的。我们看到“马克西姆·德·特拉伊叼着牙签，和杜蒂耶在托尔托尼咖啡馆的台阶上聊天”[21]；看到可以迎接近六百位客人的那不勒斯餐厅；看到其他一些人坐在提供甜品和小点心的餐厅里，“品尝糖渍水果冰激凌，冰上放着精致新鲜的小水果”[22]。至于毕西沃，他更喜欢在对面的巴黎咖啡馆吃午餐，“细细品味萝卜土豆炖羊肉”[23]。

① 高老头及后文出现的伏脱冷、拉斯蒂涅、马克西姆·德·特拉伊、杜蒂耶、毕西沃都是巴尔扎克小说中的人物。——译者注

《外省人在巴黎：巴黎风俗概要》的作者路易·加布里埃尔·蒙蒂尼语带夸张地说："巴黎咖啡馆、托尔托尼咖啡馆、巴黎金色之家餐厅、英国人咖啡馆、里什咖啡馆和哈迪夫人餐厅，这些地方现在是真正'吃得好'的圣地。"[24]

巴黎咖啡馆可能是七月王朝时期最受欢迎的餐厅。它位于德米多夫王子以前的宅邸中，因保留了旧时期的奢华而显得与众不同：这里有挑高的天花板、朝向大道的大窗户和红丝绒扶手椅。当黑夜降临，无数烛台和油灯会被点燃。这里的厨师举世无双，曾为贝里公爵夫人效力，擅长卷心菜牛肉。整个巴黎美食圈里数得上的人物都拥有这家店为他们预留的专属座位：罗克普兰（Roqueplan）有小角落，欧仁·苏有独脚小圆桌，而维隆（Docteur Véron）则有巴黎最"具有生气"的餐桌——"所有时下的菜品都会受到最无情的批评和筛选"[25]。

巴黎咖啡馆之王是库尔尚伯爵（comte Courschamps），他总在晚上十点左右出来吃宵夜，四小时后消失。他看起来像个好色之徒，有着宽额头、大耳朵、高挺的鼻子，扣子上挂着各种各样的装饰，总是严肃认真地在小本子上记下所有的菜肴、特别的菜谱和他对烹饪的印象。

巴黎餐厅的现代性

巴尔扎克并不是个例，当时没有一个作家不知道“大道”就是新巴黎的代名词。在艾米利·德·拉贝多里埃尔（Émile de La Bédollière）看来，这是“一个活动的圆环，一座移动的迷宫，一股汹涌的激流”[26]；在司汤达看来，这是“所有活跃和闪耀之物在巴黎的聚会”；在缪塞眼里，这是“世界上享乐汇集的独特之地”[27]；海因里希·海涅总结道：“当上帝想要一点乐趣的时候，他就打开天宫的一扇窗，看看巴黎的林荫大道。”[28]

1867年出版的《巴黎指南》是一部文集汇编，共两卷，用两千页的篇幅向我们完美展现了巴黎的转变，其中就有亨利·德·佩内（Henry de Pène）的描述：“你们只能在巴黎看到那些无所事事的人、漂亮的女人，甚至是结了婚、安定下来、有德行的善良之人，他们最主要的生活在七点左右开启，凌晨三点左右结束，或者更迟。正是为了这些人，大道将晚餐时间定在了七点半，表演时间定在九点，舞会时间定在午夜十二点，宵夜定在凌晨三点，之后睡觉，如果他们能睡着，以及如果他们还有时间睡觉的话。”[29]

在这个追逐享乐的移动路线中，大道餐厅地图显示出一条通向现代性的特定道路，反之，现代性只能在大道扎根。这是一种基于多重性、多元性、竞争性的拼贴形态。最早在皇家宫殿开业的那些餐厅，通过被篡改且被快速制度化的口味与烹饪实践标准稳定了空间和社会关系。第二代美食机构，也就是开在林荫大道上的那些餐厅，更引人注目，更彼此对立，数量更多，竞争更激烈，形态更不规则。“餐厅”这个词不再依附于某个区域，这是一个让人兴奋的现象：越来越多的场所无须标示“身份”就可以提供餐食，它们占据优越的地理位置，拥有忠实的客户群。于是很快出现了英国人咖啡馆、美国人咖啡馆、赫尔德咖啡馆、汉诺威咖啡馆、马德里咖啡馆、米卢斯咖啡馆、圆圈咖啡馆、全景咖啡馆、王子咖啡馆、诺埃尔咖啡馆、王子酒店、鲍尔肯大酒店、维隆餐厅、勒布隆餐厅、城邦餐厅及拉菲特酒馆。

1846 年，《餐桌上的巴黎》一书的作者带着淡淡的怀旧和苦涩评论道：“乱七八糟的一堆东西，侵占了一切，丝毫不放过餐桌。”[30] 他观察到，杂乱无章的现象波及到了服务、洗碗、菜谱、餐桌礼仪等多个环节，甚至是餐厅本身。这种混乱的繁荣让他忧心。

欧仁·布里弗用一则关于餐桌文明过程的人类学小故事做了总结："野蛮人吃饭，用牙的时候和用手的时候一样多。在他们的习俗里，行为变温和的最重要的标志就是用手抓食物时不把食物撕开。其他人，更先进的人，使用筷子或者竹签，这已有进步。两齿叉在欧洲北部得到运用；英国人用一种象牙柄钢制三齿叉；而我们法国人用四齿叉，是文明的顶点。"[31] 巴黎人在大道上散步，周围餐厅林立，其数量如同一整排叉子上的齿一样多，这就是首都现代化最突出的标志。就这样，大道成为这个关于吃的人类学小故事的结果，是烹饪最"先进"的阶段。

这可能是因为同一空间里存在着全然不同的餐厅，或者是特色、菜单、装潢、位置不同，或者单纯是价格不同。林荫大道的人流密度的确吸引了"大众餐厅"—— 半个世纪以前还是一种矛盾的称呼。第一代餐厅试图吸引精英，那时餐桌是社会成功和文化成功的明显标志。19 世纪中期，一些馆子反过来试图做穷人们的生意，招待平民、学生、流浪艺术家，这些馆子也被称作餐厅。

就像安托万·卡约在《法国人风俗习惯史备忘录》中写的那样："如今，一些餐厅老板欢迎社会各个阶层的人：王爷、公爵、侯爵、伯爵、贵族、议员、文人、法官、律师、银行家、经理人、赌徒、职员、商人、学生，还有贫穷的退休者。我们发现餐厅提供的套餐从一法郎五十分到四十法郎不等。”[32] 餐厅不再只售卖精心搭配的套餐，不再限于推荐几百道菜肴，不再只注重装饰、餐具和服务，而是同样可以提供没有排场、快速上菜的“当日特供”或“轻食快餐”，相应地，吃起来更快、更粗野，价格也不那么昂贵。

《巴黎大道历史和生理学》（*Histoire et physiologie des boulevards de Paris*）的作者在1857年注意到了这种反差的邻近，并将其视为时代的新标志：“大道的一边，是有名的迪朗餐厅，马德莱娜附近的美食胜地；另一边是宽敞、现代的迪瓦尔小酒馆，供应便宜的餐食。餐厅一家挨着一家，分散在大道两边，每个店里都摆放着很多菜肴和冰激凌。餐食的价格差别很大，比如，约翰整个月都在迪瓦尔小酒馆吃饭，花的钱和皮埃尔在迪朗餐厅吃顿午餐的钱一样多。”[33] 大道上贫富共存，这是现代性的标志。随着1855年在全景长廊出口开业的迪瓦尔小酒馆[34]的成功，食客们得以在不同的餐厅分享这同一个空间。

很快，阿尔萨斯传统的“啤酒馆”强势涌入大道。

第二帝国时期，1855年巴黎世界博览会之后，特别是到了1867年，这些啤酒馆获得巨大成功。1870年普法战争中法国的战败和阿尔萨斯的失守导致啤酒商们纷纷逃到巴黎，比如博芬格、力普、泽耶尔、珍妮、穆勒、德莫利、吕泰西、加利亚、迪梅尼。这就是约翰·格朗－卡尔特雷（John Grand-Carteret）带着某种傲慢声称的"啤酒之神入侵巴黎"[35]时代。人们在啤酒馆里吃简单而有营养的菜，喝着啤酒。这些啤酒馆吸引了一个十分庞杂的客户群，与花花公子们常去的咖啡馆形成竞争，很快就被视作对巴黎文明的损害。

1856年6月14日的《费加罗报》刊登了这样的话："啤酒馆的诞生是为了让那些因吸食烟草而半痴半傻的人在喝完啤酒后彻底神志不清。"类似于"德国毒药""让人昏头昏脑"这样的表达似乎在巴黎民众中传播开来；同时，餐厅有了新的形态，变得更加普及。林荫大道专栏作者阿尔弗雷德·德尔沃同样批判这一啤酒"堕落"，它"让手艺人和大学生的步伐变得沉重"："啤酒这个时候正在彻底罢黜巴黎的葡萄酒，这种让人恶心的饮料，其零售价翻了三倍还多，巴黎人开始滑稽地模仿德国人。"[36]

当平价小饭馆比邻咖啡厅、大酒馆与啤酒馆，而这些场所都被称为“餐厅”时，拼贴效应充分发挥了它的作用。

餐厅大道成为19世纪现代都市的典型空间，标志着与从前以皇家宫殿为核心的城市的决裂。贝尔纳·瓦拉德把面向城市新实践的开放和对城市时空新解读的出现称作“现代性的城市体验”[37]。他在《林荫大道》（*Les Grands Boulevards*）中写道，这是一种“模糊、反常、运动、矛盾、跨越、重叠状态下的情感体验，只有一个新词能表达，那就是‘现代性’”。

换句话说，一切都在大道上交互，突然又出人意料，永远在变化，不断在革新：餐厅、啤酒馆、汤食店、露天咖啡馆，娱乐与商业、古老与新颖、表演与艺术、阶级与享乐、匆忙与悠闲、疲惫与活力，以及所有关于吃的快乐。

餐厅让这种“拼贴”思想具象化：在巴黎大道上，混乱的现象更加集中，美好世界里的所有人在这里快乐地堕落，你会看到一个日益多元、冲突剧烈的社会图景的缩影。诚然，是上流社会首先爱上餐厅的，但是从今往后，所有巴黎人都有去餐厅的权利。就是这样，胃肠的社交活动扩展到了整个巴黎社会。

因此，之所以说大道是现代的，是因为它是混合、交融、具有渗透性的。大道里的小巷是现代性的著名标志，瓦尔特·本雅明（Walter Benjamin）对此做了深入研究。同样，大道上的餐厅扮演了类似的角色，映照出频繁出入其中的多重社会里的千万面孔。大道为巴黎人呈现了一个万花筒般的蒙太奇，有关他们的城市和他们的生活，有关新城市性的闪烁和社会的多重“面貌”——这是那时候的专栏作家在描写城市类型时总爱用的一个术语。同时在生理学领域，最突出的是味觉生理学和胃肠生理学，不过，可惜的是没有任何关于“餐厅生理学”的书写。[38]

现代生活在巴黎出现了。社会学家格奥尔格·齐美尔将现代城市定义为“因内外形象持续快速转变而选择强化紧张生活”[39]的城市。的确，一种与优雅交际、好餐食、演出、性愉悦和熬夜联系在一起的更强烈且更冲击感官的生活方式，从古老的季节性狂欢传统和政权规定的节庆日历中解放了出来。

新生活是更私人的，也是更分散的，被看作寻找短暂理想的首选方式，是1860年阿尔弗雷德·德尔沃根据城市时钟上的不同时间，用连续性画面描述的“巴黎的乐趣”。这座城市里穿梭着这样一群人，他们要求建造娱乐设施——城市现代性的象征。因此，林荫大道上的餐厅越来越多，越来越丰富。19 世纪初是一个关键时期，让巴黎人从一种城市文化走向另一种城市文化。

世界胃肠

18 世纪中期以来，巴黎是文人共和国的首都，是 1789 年之后政治现代性的中心。在 19 世纪前几十年里，如果说巴黎的这两个优势一直存在，并因浪漫主义运动及 1830 年七月革命、1848 年革命而再度活跃，那么它作为“世界之光”的其他方式也会被世人认可，比如，正是在巴黎，更确切地说是在林荫大道上，跳动着世界“无可比拟的享乐之心”，即美食。

欧仁·布里弗从一种令人惊奇的宇宙视角写道:“当巴黎铺好餐桌，整个地球都为之震动；已知宇宙里所有被创造的事物、所有领域的产物、地球表面生长的东西、地壳掩埋的东西、大海孕育滋生的生物、空气养育的生物，都在赶来、匆匆忙忙、迫不及待，只为获得一道目光、一个爱抚和一次咀嚼的恩宠。对法国而言，在巴黎吃晚餐是国家大事；对整个世界而言，巴黎餐厅就是宇宙中心。”[40] 在这位学者看来，美食成为 19 世纪之都巴黎参与创造的世界神话的一部分。餐桌之乐在这里代表着一种新的精髓、一个理想和一次超越，激发了“美食”城市的世界名誉。这一切发生了，在世人眼里，美食生活与巴黎生活画上了等号。

诚然，这不是什么新鲜事，革命时期的表达中已经有了对美食的痴迷，设想法国在世人或担忧或被征服的目光中订立了规则。在布里弗本人看来，这种以自我为中心的想象很常见，似乎所有地方的所有人都认为巴黎是全世界独一无二的追求。他写道：“1814 年，欧洲部队全副武装冲向法国，所有将领都只发出一个声音：去巴黎！到了巴黎，他们最想做的是什么？没别的，就是吃。”[41]

从 1815 年到 1850 年，英美游客涌到巴黎，他们使餐厅成为“法国特性”驳不倒的证据，成为“法国之谜”的香气。就像美国研究者丽贝卡·斯潘写的那样：“从两个角度看，巴黎都已成为国际享乐之都，一是法国女人很随意的名声；二是法国餐厅的高级美食。餐厅完美地融合了本土与异域、亲密与怪诞。”[42]

1815 年，当英国官员斯蒂芬·韦斯顿（Stephen Weston）建议同胞来参观巴黎时，他没有夸赞法国首都在艺术、科技和工业上的影响，而是推荐游客们在巴黎感受“一生仅此一次”[43]的下馆子的乐趣。几十年后，英国旅行家爱德华·普兰塔（Edward Planta）在其经过多次修订并吸引了大量英国人跨越芒什海峡的指南《巴黎新图》（*A New Picture of Paris*）中写道：“一生中一定要抓紧时间至少去维利餐厅或迪朗餐厅、巴黎咖啡馆或康卡勒岩石餐厅吃一顿，这样才有机会感受法式伊壁鸠鲁主义的极致体验。”[44]

所有外国游客使用的巴黎指南里都把餐厅的挑选当作特别的城市观光精髓。光是在1820年到1824年的伦敦，我们就能在《伦敦杂志》（*London Magazine*）的美食专栏、摩根夫人题为《法国》（*France*）的经典作品的四个版本、托马斯·拉弗尔（Thomas Raffle）著的《法兰西旅行信札》（*Letters During a Tour of Some Parts of France*）的五个版本里看到巴黎餐厅推荐。这一切构建了一个丰富的文库，每年一万多名参观巴黎的英国人中大部分都对这些作品有所了解。[45]

1830年前后有一幅双联漫画[46]，第一联题为《到达》，刻画了一个“忧郁、颓废的”英国人，为了“得到餐厅老板的治疗”而奔赴巴黎。他急匆匆地抵达法国首都，把自己的船留在加来海峡，然后在握着刀的主厨的引导下，跑着进入“欢迎光临餐厅”。第二联题为《出发》，我们看到了同一个英国人，但面目难辨。他从同一个门出来，戴着同样的帽子，但是衣服鼓起来了，脸也肿了，艰难地挺着大肚子，把肚子放在他前面推着的手推车上。餐厅老板陪着他，十分难过，哭着说他最好的客人要飞走了。图下注解写着：“被法国菜治愈的英国人，吃得满到嗓子眼，终于回伦敦了。”

漫画向林荫大道的美食致敬的同时，也讽刺了英国人的暴食行为，二者完美结合，为巴黎的餐厅老板们带来了最大的利润，可见餐厅老板的“商业意识与他们的多宝鱼菜谱一样富有传奇色彩”。

1835 年，《法兰西学院词典》收录了“餐厅老板”一词及其定义，与其说它是给在巴黎存在了半个世纪的职业以一个身份和一种功用，不如说它赋予了这个让全世界着迷的职业以国际声誉：“餐厅老板”在几年之内成为大道的象征和巴黎的传奇。

大道体现了巴黎的现代性，因此让世人着迷，如同帕特里斯·伊戈内在《巴黎，世界之都》一书中写的那样，这座城市已“转变成世界美食之乐和世俗之道的人造幻城”[47]。从那以后，巴黎大道成为世界的胃肠。

菜谱
在大道用餐

大道上餐厅称霸，人们在这里什么都能吃到，或者说几乎什么都能吃到。虽然价位不同，但普遍较高，因为食客是在为这里优越的地理位置买单。简单来说，大道就是世界的中心。食客们远道而来，为了品尝一块康卡勒岩石餐厅的鳎鱼，在彼得家吃一只龙虾，或者在毕尼翁家吃些鸡蛋。

康卡勒岩石餐厅的诺曼底鳎鱼

鳎鱼几条（每条约 300 克），淡菜 1 升，葡萄牙生蚝 6 只，小口蘑 250 克，螯虾 3 只，胡瓜鱼，虾，松露，

浓奶油，鸡蛋 3 颗，黄油

取厚肉鳎鱼约 300 克，去皮，修剪，在流水下清除杂质。用鱼骨制作一份调味汁。另外煮熟 1 升淡菜，去壳。煮熟 6 只葡萄牙生蚝。煮熟 250 克小口蘑。煮熟 3 只螯虾，捆好。用黄油微煎鳎鱼，放入其他煮好的食材，混合，加入调味汁。加入 100 克浓奶油。搅拌 3 个蛋黄和 100 克浓奶油，制成意大利式蛋黄酱；轻轻倒入鳎鱼锅中，注意不要煮沸。加入适量盐和胡椒调味。在长碟上涂抹黄油，放入鳎鱼，配菜摆在鳎鱼周围：口蘑、螯虾、淡菜、虾尾。酱汁过筛，浇上。再配一些炸胡瓜鱼和新鲜松露薄片。

彼得家的美式螯虾

螯虾一只（约 900 克），分葱 2 根，白葡萄酒 200 毫升，西红柿 2 个，龙蒿叶 1 束，白兰地 2 汤匙，欧芹，蒜，黄油，橄榄油

切开约 900 克的活螯虾一只，去螯，敲碎螯虾壳，

将虾尾切成五到六段。沿虾背切成两半，取出虾线，留用虾膏和虾子。锅中放入 4 勺橄榄油，大火加热，倒入螯虾块，撒盐和胡椒调味，待虾壳变红，保温。锅中倒油，一个洋葱切碎，放入锅中炒至变软，再加入两根切碎的分葱和少许蒜末。沥油，浇 200 毫升干白葡萄酒，500 毫升鱼酱汁。加入两个去皮、去籽、切碎的番茄，一束龙蒿叶，少许卡宴辣椒。将螯虾块放在上面，加盖烹制 20 分钟。取出螯虾块，放在蔬菜盆中，保温。酱汁收到一半时，将虾膏和 50 克黄油、欧芹碎、龙蒿碎混合。第一次煮沸就将酱汁从火上移开，快速加入 50 克新鲜黄油和 2 汤匙白兰地。螯虾淋上酱汁。撒上欧芹碎，开始享用。

图匹奈蛋

大土豆 8 颗，鸡蛋 1 个，火腿瘦肉 1 勺，黄油 15 克，奶油 2 汤匙，奶油蛋黄酱 2 咖啡勺，肉豆蔻 1 撮，面包屑，帕尔马奶酪

选 8 个荷兰大土豆，在烤箱中烤熟。用刀尖在每

个土豆上切一个天窗形状的开口。用勺子取出三分之二的土豆泥，放入瓦钵中，与 15 克黄油、2 汤匙奶油、盐和肉豆蔻碎一同碾压、拌匀。将拌匀后的土豆泥重新放入土豆，中间挖一个洞，放入 1 咖啡勺奶油蛋黄酱、1 勺火腿瘦肉碎以及 1 个水煮荷包蛋，再盖上 1 勺奶油蛋黄酱，撒上面包屑和帕尔马奶酪，浇上融化的黄油，放入烤箱烤制。

彭比克蛋

鸡蛋 2 颗，鳎鱼或多宝鱼或菱鲆，松露，肉冻，威尼斯酱汁，牛奶、黄油和面粉（制作贝夏梅尔调味酱）

用鳎鱼（或多宝鱼、菱鲆）及贝夏梅尔调味酱制作一份黏稠的鱼肉泥。取一勺放在银制圆盘上，上面放 2 只温热的白煮蛋。浇上威尼斯浓酱汁，蛋上放 1 片松露薄片，围一圈肉冻。

“世界第一主厨”奥古斯特·埃斯科菲耶

餐厅这样改变历史

从来没有一位厨师像奥古斯特·埃斯科菲耶(于1920年退休，1935年去世)一样获得过如此高的评价和如此广泛的赞誉。用美食历史学家帕斯卡尔·奥里（Pascal Ory）的话说，埃斯科菲耶是“绝对成功”的化身。他在两次世界大战期间结束了作为可敬的主厨的一生，他的名字将响彻整个西方烹饪界。[1]

通过他，法国的美食霸主地位得到捍卫。这个国家曾接连创造了现代美食（葛立莫）、美食学理论（布里亚-萨瓦兰）、厨师艺术（卡雷姆）和所有这些人聚集在一起进行职业活动的地点：餐厅。在这段历史中，埃斯科菲耶承担起自己的角色：他是这些先行者的“继承人”，“完成了”他们的使命，让自己成为法式烹饪杰出的“大使”。

他的职业生涯具有启发意义。他管理过巴黎很多有名的餐厅：香榭丽舍大道上的小红磨坊、法国里维埃拉餐厅、滨海布洛涅的赌场餐厅，还有外卖熟食店(比如巴黎舍维食品店）。在四十岁左右的年纪，这位主厨踏进了现代国际大酒店的世界，并且再未离开：蒙特卡洛大酒店、卢塞恩国家大酒店、伦敦萨伏伊大酒店、巴黎利兹酒店、伦敦卡尔顿酒店。传奇的命运将他卑微的外省出身与他辉煌的结局联结在一起，而在这过程中，享有盛名的纽约皮埃尔酒店于1930年10月开业之际决定邀请他作为“世界第一主厨莅临指导”[2]。

不用说，烹饪界一致认同埃斯科菲耶“世界第一主厨”的地位和头衔。他象征着烹饪史以及厨房变革过程中的一个重要时刻，既展现了艺术，也具化为场所。

主厨“神奇的命运”

奥古斯特·埃斯科菲耶自称作家，其作品数量就是证明[3]。在他去世后，他的家人整理了他生前留下的笔记，集结成《全新的回忆》并出版[4]。他的孙子皮埃尔·埃斯科菲耶说他亲自挑选并整理了这些“带有回忆性质的不同资料”[5]。因此，我们看到的是一个人生的故事，虽然片段化，但前后连贯，有些部分特别引人入胜，比如关于1870年战争的长段落，讲述了他在莱茵部队服役以及之后在德国美因茨“作为厨师”被监禁的那段岁月。

在这一自传性质的文集中，我们同样看到了一个餐饮家族的诞生：他们出身于外省的乡村，之后猛然投向一种新的餐饮经济，就是这样的“奢侈旅行”掀起了餐桌革命。命运引导年轻的埃斯科菲耶走出了小镇卢贝新城（Villeneuve-Loubet，1846年10月他出生的地方），结束了作为瓦卢瓦铁匠之子的童年，进入了大大小小的厨房。他一开始只是学徒，后来在西方国家的豪华酒店中现身，并让这些豪华酒店转变为全新的美食圣殿。

埃斯科菲耶的几个叔叔和阿姨曾在小客栈或小咖啡馆的厨房里工作过。十三岁的时候，他开始追随父亲的脚步，肩负起年轻学徒的使命。1859年，他以小学徒的身份去了叔叔弗朗索瓦在尼斯经营的法兰西餐馆。本来梦想成为雕塑家的新晋厨师掌握了一门技艺，在1860年尼斯并入法国后，正是这门技艺为这座城市积累了财富。昔日意大利的小城变成了法国的旅游胜地，又在几年之间成为“蔚蓝海岸”的大城市——“蔚蓝海岸”这个称呼也是源自那个时代[6]。

埃斯科菲耶和尼斯，埃斯科菲耶在尼斯：在叔叔餐厅的工作经历，让他对采购、食材和大厅服务有了了解；在马塞纳俱乐部（Cercle Masséna），他先是做了第一帮厨，继而当上主厨，招待名人显贵。这是这个深深植根地方口味的学徒的故事的第一阶段。很快，他进入菲利普餐厅（Chez Philippe），缔造了最初的烹饪传奇：1864年夏天，他发明了一款名叫“美丽海伦”（Poire Belle-Hélène）的甜品，先用糖浆将梨煮熟，然后浇上热巧克力。

1865年年底，埃斯科菲耶北上巴黎，进入小红磨坊当店员，这是香榭丽舍街区一家很受欢迎的夜店。他很快获得晋升，先后担任烤肉主厨、食品贮藏主厨、酱汁主厨，他在这里体验了一种新的餐饮结构。

1870年，二十四岁的埃斯科菲耶应征入伍。战争的失利在他身上留下了深深的烙印，不仅遭受了体力的透支和道德上的羞辱，还在这场兵败中看到了一种疗愈方法——“用烹饪进行报复”。要知道的是，他是在观察行军团的效率，特别是缺陷的时候产生了具体的想法，他梦想着能有一种更有效、更严谨的烹饪组织，因为不管是在军队调遣时，还是之后被关美因茨城堡时，他没有一天能吃饱肚子。

埃斯科菲耶觉得自己被赋予了重要角色，他要带着职业意识完成他的使命：他是莱茵军队的主厨。因为舍得花钱，在一个名为布尼奥尔的甜品师的辅助下，他为军官和军队呈上了还算过得去的、具有创造性的餐食。他的服务让他得到了军队的普遍认可。

油渍沙丁鱼或香肠

白煮鸡蛋

七分熟的烤牛肉

土豆沙拉

咖啡和上等香槟[7]

以上是他在穆兰（Moulins）战场上提供的餐食。

当他所在的兵团被俘并被关进阴暗潮湿的美因茨城堡时，他将基本上只提供香肠和啤酒的“德式食堂”改造为套餐内容更丰富的“法式食堂”，比如：

浓汤

某种鱼肉

烤羊肉块

沙拉

蔬菜

餐间甜品和餐后甜品

咖啡[8]

最重要的是，埃斯科菲耶成功地以一种有效的军事化方式重新组织起餐饮服务和工作人员，让军官们和两百五十位被俘士兵的等餐时间缩短了四分之三。

厨师团队管理

经过战争的磨练，埃斯科菲耶又回到小红磨坊，并再次获得晋升。他在巴黎这家平民餐厅实施一套从莱茵军队和美因茨城堡的经历中总结出的组织方法。从此以后，厨房管理体现出一种军事科学，即使在最紧张的情况下也能高效率运转。

在传统烹饪模式下，厨房里设有一系列小团队，各团队相互独立，听从唯一主厨的指挥，且每个团队只负责一个系列；厨房工作分三道程序，即前菜、肉和鱼、餐间甜品和餐后甜品。

埃斯科菲耶摈弃了这一模式，将团队划分为五个相互依存的部分，每个部分负责一种操作而不是一道菜肴。团队中有：冷盘部，负责所有冷盘；配菜部，负责鸡蛋、蔬菜和烹煮；烤肉部，负责炙烤、烘焙、煎、炖、炸；酱汁部，准备所有酱汁；面点部，负责所有菜肴中需要的面食。

这种新的烹饪体系的确减少了行业传统壁垒，实现了一种新的、更合理的专业分工，不同部门之间平行工作又相互促进。这样多线并进的运作方式让效率得以提升，一道菜的烹饪时间只需之前的二分之一到三分之一。

拿埃斯科菲耶的一道代表菜——梅耶贝尔荷包蛋配羊肾为例。原本一个厨师完成这样一道菜需要十五分钟左右。有了新的体系，配菜师负责煮熟鸡蛋，烤肉师负责烤制羊肾，酱汁师负责准备松露酱汁，到全部摆好盘只需五分钟左右。[9]

厨房新的组织体系具备工业流水线的高效和军队分级制度的严谨，还有熟练的操作和精确的时间安排，根据对部队生活的回忆，埃斯科菲耶把它命名为"厨师团队管理"[10]：从"长官/主厨"（chef）到"部队/团队"（brigade），从"步枪/点火枪"（fusil）到"交火/烹制"（coup de feu），军事隐喻屡屡出现在他留下来的烹饪语言中。

每个团队听从总厨师长的指挥，其下各管理一位主厨、一位副主厨（或第二主厨）、一名领班厨师、几个助理厨师和见习厨师。最常见的组织形式是根据操作特征进行工作划分，冷盘部、配菜部、烤肉部、酱汁部和面点部这五个团队最终构成了一家高档餐厅的后厨团队。

在将团队任务分配合理化之后，埃斯科菲耶同样密切关注厨师们的形象，他要求他们保持清洁、穿着得体，不抽烟不喝酒，干练利落，任何情况下都不在餐厅里大喊大叫。

这样的高效率完美地契合了餐厅新客户群的需求，他们更匆忙、更急迫，在看完戏剧或听完音乐会后姗姗来迟，希望在点单后的几分钟内迅速用餐。而在早期的餐厅中，食客于早上甚至前一天晚上预订晚餐的情况很常见。埃斯科菲耶完全懂得新客户群的心理，他在《套餐之书》中写道："餐厅轻快而轻浮的气氛让忙忙碌碌的服务生和眼光只在彼此身上的客人很不满意……一切阻碍新潮而快速的餐饮服务的东西都应得到改革。复杂甚至过于油腻而难以消化的套餐，经常是挑剔的食客抱怨的对象。因此，不仅要改变厨房烹饪工序，还要改进菜单设置和服务安排。"[11]

分五个"特色团队"的烹饪体系、极具军队风格的"团队管理"、经过简化的服务和套餐，从此以后贯穿以下四个时段：

冷盘或浓汤

鱼或肉配蔬菜

餐间甜点或咸点

甜品……

这就是埃斯科菲耶给餐饮带来的巨大革新，他有条不紊地对此进行宣传与实践。

埃斯科菲耶的菜谱

1902 年出版的、经过多次编校和翻译的《烹饪指南》（*Le Guide culinaire*），以及战后整理结集的《烹饪备忘录》（*L'Aide-mémoire culinaire*），这两部作品的成功为埃斯科菲耶增添了名誉，成为那些希望自家餐厅能迎合当时口味的餐厅老板的“圣经”。

大厨坚持在书中罗列并细述了他的菜谱，一心向所有人证明他与人们有时对他产生的刻板印象不同，他并非“部队将军”，而是一个真正的烹饪人才。他语带夸张地提到了一些他在小红磨坊那五年里留下的名菜（辣椒龙虾馅饼），以及在蒙特卡洛大酒店服务的六年（橙子慕斯配柑香酒渍草莓）、卡尔顿大酒店那二十几年（松露香小山鹑胸肉）的成果。

他最有名的创造是蜜桃梅尔巴，这一点毋庸置疑，因为这道甜品虽然简单，却代表了他的整个职业生涯和所有贡献。菜谱创生于1893年的伦敦萨伏伊酒店，该酒店是那个时代餐饮新世界的中心，也是豪华饭店的巅峰。当时，女歌唱家奈丽·梅尔巴（Nellie Melba）——普鲁斯特也是她的倾慕者——刚刚在科文特花园皇家歌剧院上演的《罗恩格林》（*Lohengrin*）中饰演了埃尔莎一角。埃斯科菲耶前去观看了她的演出，第二天，轮到大厨在歌唱家面前大显身手了。甜品的制作虽然并不复杂，但重头戏在于大厨奉上了歌剧式的礼仪和视觉效果，他在冰上雕了天鹅，然后将一个实心银杯嵌入其中[12]。这道甜品一开始被命名为“天鹅桃子”，六年后，伦敦卡尔顿酒店将其改名为“蜜桃梅尔巴”。埃斯科菲耶在《烹饪指南》中这样描述：“将半个桃子放入淡香草糖浆中煮熟后，放在抹了一层香草冰激凌的杯子里，再浇上覆盆子果泥。”[13]

埃斯科菲耶的才能再一次体现在服务的安排上，这让歌唱家很是心醉神迷。对此，帕斯卡尔·奥里做了巧妙的评论：“在这一与艺术世界迷人的关系里，我们是否应该找到埃斯科菲耶厨房里的奥森·威尔斯

‘玫瑰花蕾’？”[14]

诚然，厨房改革朝着更简约的方向发展，而埃斯科菲耶既是推动者又是见证人。相比被指责菜肴过量且上菜时间冗长的传统餐食，人们更偏爱只上三次菜的套餐，最多四次，能够在一小时到一个半小时之内吃完。埃斯科菲耶赞同这样的转变。此外，他对社会也有足够的关注，他会把没卖完的套餐分发给穷人，还接连发表了两部作品来赞美两种便宜的食材——大米和鳕鱼。

不过，他的烹饪方式反而是传统的，具备了贵族及后来的大资产阶级的奢侈美食的特征，尤其是在他的事业刚刚起步的时候。他注重野味、千层酥、舒芙蕾的制作，以及装盘艺术。

当埃斯科菲耶为世界上的大人物制作料理时，他自然而然地找回了在不确定的环境压力下不得不重组后厨时的本能反应。在他看来，王公贵族的一顿好餐食，甚至富裕的资产阶级新贵在豪华酒店里享用的餐食，都要包括至少六道程序：从鱼子酱和法式清汤，到至少两道鱼或肉、一道提前备好的蔬菜，再到餐间甜品和餐后甜品，有时候还会加一道奶酪舒芙蕾。

他对烹饪的颠覆不是在食材上。在为社会精英服务时，这位豪华酒店的大厨从不吝啬使用传统的珍贵食材，包括鹅肝和松露打底的鱼子酱、神圣同盟芭菲（冰激凌果冻）。此外，烹饪鹌鹑的时候，他也坚持只使用胸脯肉。[15]

我们必须承认，埃斯科菲耶有着丰富的烹饪知识，这些知识建立在三个创造过程的基础之上。首先是阅读以前大师们的作品，特别是卡雷姆的作品。他改进过去的菜谱，使其符合当下口味。

第二个创造过程基于他的家乡。埃斯科菲耶特别重视地方菜，传统的农村菜肴经过大厨的再创造后变成了高级料理。他会把普罗旺斯一道简单的蔬菜（如土豆片配洋鲜蓟，用橄榄油和蒜烤制，最后撒上野生迷迭香调味）改良成一道精致的菜肴，食客或许在巴黎某家大餐厅就能吃到。这样的改变很难想到，做起来却很简单，只需要用松露片取代蒜，再用黄油取代橄榄油，因为高级料理认为蒜和橄榄油是很一般的食材；此外再在迷迭香中加入一份浓缩清汤。那时候，埃斯科菲耶这样调侃在大道上吃饭的资产阶级："他们不知道他们正在吃的并为之痴迷的菜肴其实是一道农家菜。另外，松露本就产自普罗旺斯，它出现在一道用土豆和洋鲜蓟制作的菜肴中一点也不显突兀。"[16]

最后一个创造是开发新菜色，这是纯粹的个人创造，创造性直觉为他提供了最直接、最丰富的灵感。蜜桃梅尔巴显然属于此类，并且短时间内就出现在大众的视野中。关于这点，有趣的是，埃斯科菲耶很早就在支持厨师－作者的权利，因为他担心他的菜谱面临被剽窃和被复制的风险。他作为作者的权利最终实现了，他也因此成了他自己的烹饪荣耀的捍卫者。他的指南成为全球大厨的“圣经”，在世界各地，许多大厨将动手实践他们手中的“埃斯科菲耶”。

然而，如果要说埃斯科菲耶真正的事业，或者说他在烹饪方面的真正“成就”，那就是命名了“炖煮的科学”。《烹饪指南》的作者的确倾向于认为煎炒和煨煮是“烹饪中最完整的两个术语”。在烹饪系统里，在自然与文明这一传统对立中，烤属于自然，白煮属于文明；烟熏作为方法属于自然，但作为结果属于文明。煨煮和煎炒则引入了第三个术语，即埃斯科菲耶所说的“发展中的科学”[17]。

厨师实践了一种新的烹肉技术，他把要煨煮的肉先烤至金黄，再放在酱汁中。对此，他做了详细的解释：“在一个厚底平底锅或一个大小合适的炖肉锅里热油，将肉均匀地放在油里煎制，这样做是为了在肉的最外层形成一道保护，锁住里面的肉汁，使其不要太早渗出，不然的话，炖肉可能会变成肉糊。”[18]通过这一贴着个人标签的操作和厨艺创新的标志，埃斯科菲耶找到了烹饪系统的一个内在逻辑、一种新的口味科学，他在《烹饪指南》中写道：“烹饪一直是一门艺术，也是一个真正的职业信仰，它将变得科学，以前大多源自经验的方法必然屈服于一种杜绝任何偶然的工艺和精度。”[19]美食家的古老幻想实现了，将烹饪和已然转为化学的炼金术统一起来。

餐厅走向资本主义管理

埃斯科菲耶之所以成为“世界第一大厨”，相比他对烹饪的贡献——这点当然毋庸置疑，更多在于他的烹饪组织理念。最重要的是，他成功让厨房工作改革推行到世界大型餐厅的厨房里：根据操作特性划分小团队，简化服务和套餐。烹饪一顿饭节省三分之二的时间对军队来说非常重要，对能招待六十位食客的小红磨坊来说意义重大，对每晚可以容纳超过四百人的豪华酒店来说更是具有革新意义。因为每个人都觉得自己特别重要，不能忍受比邻座等得更久。

埃斯科菲耶确立了新的用餐时间，他在他工作的豪华酒店里强化了他的改革。蒙特卡洛大酒店、卢塞恩国家酒店、伦敦萨伏伊酒店和卡尔顿全都采用了团队平行工作这种新的“军队化管理”。

大厨在实践职能互补性方面走得更远，他选择凯撒·利兹作为他的帮手。利兹[20]虽是瑞士人，但很热爱法国，他和埃斯科菲耶在蒙特卡洛大酒店相识。利兹自诩“酒店业之王”，埃斯科菲耶自诩“餐饮业之王”，两人联手让萨伏伊酒店成为欧洲美食殿堂。现代化的厨房和军事化的管理使它成了效率的典范，被全世界的豪华酒店竞相效仿。接着，利兹酒店登陆巴黎，选址旺多姆广场，然后是伦敦卡尔顿酒店和其他豪华酒店，利兹和埃斯科菲耶轮流作为“技术指导”莅临这些酒店。

1900年的一场活动将高级烹饪在全球的声誉推向极致，而这样的活动只有在利兹协助下的埃斯科菲耶才能组织起来：这位在伦敦塞西尔酒店的主厨筹备了“伊壁鸠鲁晚餐”，供欧洲三十七座城市的数百位客人在同一时间享用。

诚然，豪华酒店既不是埃斯科菲耶的发明，也不是利兹的发明，而是伴随着19世纪中叶上流社会的跨国旅行诞生的，比如赴普隆比埃、卡尔斯巴德、维希、斯帕、巴斯、艾克斯莱班或巴登-巴登的温泉疗风潮，赴卡布尔、多维尔、阿卡雄、比亚里茨、戛纳、尼斯和蒙特卡洛的海水浴风潮，赴霞慕尼、圣莫里茨和巴涅尔-德比戈尔的奢华山脉游。

不过，那个年代最气派、最摩登的大酒店是于1862年在巴黎开张营业的：皇帝下令把它修在新歌剧院对面，占地8000平方米，设有800个房间和65个会客室，巨大的餐厅里有11114盏煤气灯。这是第一个城市豪华酒店，厨师希望在酒店内的餐厅里为住客以外的客人服务。当时巴黎人还没有去酒店吃午餐或晚餐的习惯。当然这也和早期那些餐厅、特别是外省餐厅提供的饭食有关，那些饭食普通且没有新意，对此，都德甚至恶意地嘲笑其为“有钱人家的狗吐出来的东西”[21]。

利兹和埃斯科菲耶没有发明什么，但是他们很快就意识到他们的联合能够改变人们的习惯，他们可以通过“豪华酒店餐厅”吸引国际客户，并由此开启一段成功的事业。因为，就像巴尔扎克说的一样，舒适一词是“英国的”，“豪华酒店”（palace）一词也是从英吉利海峡对岸传过来的，但利兹和埃斯科菲耶创造了法式豪华酒店，在巨大的空间里把奢侈和餐饮结合起来。[22]

食客的阵容很豪华，有俄国王子、印度拉者，有喝酩悦香槟喝到饱的莎拉·伯恩哈特、喝栗子粥的左拉，也有酒后兴致正高的资产阶级和得意洋洋的上流社会。随着资本主义文明的胜利，这里每天晚上都会聚集数百个商人，并且数量还在逐渐增加。豪华酒店的大厨以自己的方式构建了一种经济和餐饮模式。他在伦敦就是这样做的。1884 年，埃斯科菲耶去了伦敦，因为那里是世界金融和政治中心。他对历史有着敏锐的感知，直觉告诉他，他要靠资本家来改变餐饮。

利兹的财富与埃斯科菲耶的财富息息相关，建立在对当时“大世界”之变化的清醒考量之上。他的目的是为富豪、政治家和艺术领域的精英提供接待和服务，至少要让他们感到宾至如归，甚至比回到家的感觉还要好。

埃斯科菲耶的贡献体现在烹饪创新上，更体现在豪华酒店专有的餐饮服务组织上：奢侈和排场达到极致，烹饪程序变得更合理、更简约，其标志就是烹饪团队工作的普及和固定价格套餐的出现。他遵循最初设定的目标："让我们的好客人满意，让我的自尊心得到满足。"[23] 1919 年 11 月 11 日，埃斯科菲耶迎来职业生涯最重要、最引人瞩目的晋升，成为第一个获得荣誉军团勋章的厨师。他的确为法国的荣光做出了贡献，如同第一次世界大战中的英雄。

至此，豪华酒店进入餐饮新世界的中心。大厨的个人命运与西方的历史和烹饪的演进相互交织，让一切变得有意义。直到今天，埃斯科菲耶还在继续影响着全世界各地的厨房。正是他，凭借一己之力将餐厅从一个时代带向另一个时代。

一个世纪不到的时间里，餐厅经历了它所有的可能性：诞生之初，旧制度末期普利街上的餐厅是重农主义自由事业的试验田；大革命和帝国时期，它是让贵族式奢侈实现资产阶级化的美食机构；七月王朝时期，它在欧洲人眼里是一种拼贴，投射着林荫大道上快乐的光芒。最后，它实现了其最负盛名的成就，华丽变身为豪华酒店，重组后的厨房为胜利的资本主义奉上了最考究、最精致的菜肴。

菜谱
奥古斯特·埃斯科菲耶的《烹饪指南》

奥古斯特·埃斯科菲耶显然很会做菜，同时，他也很懂如何解释做菜，他的烹饪作品售出了成千上万册，特别是《烹饪指南》《套餐之书》和《烹饪备忘录》。他的卡吕普索鳎鱼卷非常著名，1893 年为女歌唱家梅尔巴创作的蜜桃梅尔巴更是称得上传奇。

卡吕普索鳎鱼卷

鳎鱼排，鱼肉酱汁，柠檬汁，番茄，螯虾酱和虾尾，黄油，白肉冻压扁鳎鱼排；在直径约两厘米的小木圆筒上抹黄油，将鳎鱼排卷成卷。把鱼肉卷卷口朝下，放到抹了黄油的煎锅里，再放入鱼肉酱汁和柠檬汁煮至发白。放凉，取出木圆筒，让鱼肉卷呈现出戒指的形状。取与鱼肉卷数量相当且大小均匀的番茄，切掉三分之一，挖空，去皮。在每个番茄中放入一个鱼肉卷，立住，填塞螯虾酱和虾尾丁，再在上面放一点煮熟后放凉的鱼白。番茄在盘子上摆成一圈，空隙处放切碎的白肉冻装饰，边上配大小均匀的矩形面包丁。

蜜桃梅尔巴

桃子，糖，香草冰激凌，新鲜杏仁（可选）；果泥部分：覆盆子 250 克，糖 150 克

根据人数取新鲜的蒙特勒伊桃子若干，人均一只，去皮，撒糖。银制杯具里放一层香草冰激凌，把桃子放在冰激凌上，再将杯具放到装满碎冰的盘子上。用 250 克新鲜覆盆子和 150 克糖粉制作果泥，过筛，浇

在桃子上。杏仁当季时，可以选择撒上一些新鲜杏仁片，但是不要用干杏仁。

尾注

引言：巴黎餐厅之地点意识

1 Louis-Sébastien Mercier, *Le Nouveau Paris* (1798). Paris, Robert Laffont, coll. « Bouquins », 1990, p. 455.

2 *Ibid.*, p.456.

3 *Ibid.*, p.456.

4 Rebecca L. Spang, *The Invention of the Restaurant. Paris and Modern Gastronomic Culture*, Cambridge (Mass.), Harvard University Press, 2000.

5 Article "restaurant", *in Dictionnaire de l'Académie française*, édition de 1835.

6 Jean Anthelme Brillat-Savarin, *Physiologie du goût*, Paris, 1825, p.IV.

7 Cité par *Paris en poche. Guide pratique illustré de l'étranger*, Paris, 1825, p. 14.

8 Balzac, cité dans *Promenades nocturnes*, Alain Montandon (dir), Paris, L'Harmattan, 2009, p. 14. 9 Auguste Escoffier, *Souvenirs culinaires*, Paris, Mercure de France, 2011, p. 7.

马蒂兰·罗兹·德·尚图瓦索：现代餐厅的诞生

1 Jean Anthelme Brillat-Savarin, *Physiologie du goût, Paris*, 1825, p.125.

2 *Ibid.*, p.153.

3 *Ibid.*,p.153。路易 - 塞巴斯蒂安 · 梅西耶在 1781 年的《巴黎图景》中提出，餐厅从此有了明确的定位，区别于定食餐馆、咖啡馆、烤肉 - 点心店和熟食肉店，它们为“所有人提供餐食，但只有一个人恢复元气”。

4 Jean Anthelme Brillat-Savarin, *Physiologie du goût*, Paris, 1825, p.153.

5 *Ibid*., p.154.

6 Nicolas Edme Restif de la Bretonne, *Les Nuits de Paris*, § 210, « Les restaurateurs », Paris, Robert Laffont, coll. « Bouquins », 1990, p. 940.

7 *Ibid*., p.940.

8 梅西耶在《巴黎图景》中提到了一些他很满意的菜肴，这些菜肴“展现了餐厅的精髓”。那些价格合理的菜肴同样让人吃得满意：粗盐油鸡配新鲜生蚝，佐勃艮第红酒。

9 Cité par René Héron de Villefosse, *Histoire et géographie gourmandes de Paris, op. cit*., p. 115.

10 *Ibid*.

11 Cité par René Héron de Villefosse, *Histoire et géographie gourmandes de Paris, op. cit*., p. 115.

12 Cité par Patrice Gélinet, *2000 ans d'histoire gourmande*, Paris, Perrin, 2008, p. 236.

13 Cité par Pierre Andrieu, *Histoire du restaurant en France*, Montpellier, Les Éditions de la « Journée viticole », 1955, p. 27.

14 Rebecca L. Spang, « The Friend of All the World », *The Invention of the Restaurant. Paris and Modern Gastronomic Culture*, Cambridge (Mass.), Harvard University Press, 2000.

15 Steven L. Kaplan 在《关于麦子的争论》(*Essais sur les Lumières économiques*, Paris, Fayard, 2017) 中对 18 世纪下半叶的论战做了研究。

16 Rebecca Spang, *The Invention of the Restaurant, op. cit*., p. 19.

17 *Ibid*.,p.16-17.

18 *Ibid*.,p.12-13.

19 *Gourmand*, vol. 3, 1810, p. 414.

1 Robert Courtine, *Balzac à table*, Paris, Robert Laffont, 1976, p. 67.

2 Balzac, cité par Maurice Lelong (*Le Pain, le Vin et le Fromage*, Paris, Robert Morel, 1972, p. 129-130)，cité par Jean- Robert Pitte, *Gastronomie française. Histoire et géographie d'une passion*, Paris, Fayard, 1991, p. 180-181.

3 “gastrologue”一词出现在弗朗索瓦·马兰的作品《科穆斯的馈赠》(1739 年) 中，后在《百科全书》(1754 年) 词条“ 烹饪 ”(cuisine) 中得以普及。

4 “gastrolâtre” 一词出现在论战文章《一个英国糕点师写给法国厨师的信》(*Lettre d'un pâtissier anglais au nouveau cuisinier français*) 中，即 Roland Puchot 于 1740 年回复给弗朗索瓦 · 马兰的信件。

5 狄德罗在 1760 年 10 月 20 日给索菲 · 沃兰德的信中提到了在朋友霍尔巴赫男爵家的一顿饭。

6 除了前面提到的 Jean-Robert Pitte 的作品 *Gastronomie française*，人们还会读到以下作品 :Jean-Claude Bonnet, *La Gourmandise et la Faim. Histoire et symbolique de l'aliment (1730-1830), Le Paris, Livre de poche, 2015 ; Jean- François Revel, Un festin en paroles. Histoire littéraire de la sensibilité gastronomique*, Paris, Plon, 1978 ; Barbara Ketcham Wheaton, *L'Office et la Bouche. Histoire des mœurs de la table en France 1300-1789*, Paris, Calmann-Levy, 1984 ; Jean-Louis Flandrin et Massimo Montanari, *Histoire de l'alimentation*, Paris, Fayard, 1996 ; Pascal Ory, *Le Discours gastronomique français, des origines à nos jours*, Paris, Gallimard, 1998 ; Pascal Ory, « La gastronomie », in *Les Lieux de mémoire*, t. III: *Les France*, vol. 2 : *Traditions*, Pierre Nora (dir.), Paris, Gallimard, 1992, p.822-853 ; Suzanne Simha, *Du Goût. De Montesquieu à Brillat- Savarin*, Paris, Hermann, 2012。

7 *L'Art de bien traiter*, 1674, p.86.

8 *Ibid*., p.87.

9 François Marin, *Suite des Dons de Comas*, t. 3, p.543.

10 Menon, *La Cuisinière bourgeoise*, 1746, p.14.

11 Jean-Claude Bonnet, *La Gourmandise et la Faim, op. cit*., p.52.

12 François Marin, *Les Dons de Comus, op. cit*., p.14.

13 François Marin, « Préface », in *Suite des Dons de Comas, op. cit*.

14 François Marin, *Les Dons de Comus*, op. cit., p. 16-17.

15 *Ibid*., p.9.

16《礼仪汇编》, 1537 年，这些“礼仪”都是社交礼节。它们与伊拉斯谟的《礼貌》(*Civilité*，1537) 同时出版，并经过多次修订。1782 年，Jean-Baptiste de La Salle 的《礼仪》(*Civilité*) 问世，之后又相继有十几本类似的作品出版。让－克洛德·博内在《美食与饥饿》中对这些作品进行了分析。

17 Menon, « Préface », in *Traité historique et pratique de la cuisine*, t. 1, 1758.

18 *Ibid*.

19 François Martin, « Avertissement », in *Les Dons de Comus, op. cit*.

20 伏尔泰给阿尔图瓦伯爵的信，1765 年，参见 Robert Courtine, *Anthologie de la littérature gastronomique*, Paris, Trevise, 1970, p.114。

21 Louis-Sébastien Mercier, « Gourmand », in *Le Tableau de Paris*, Paris, Robert Laffont, coll. « Bouquins », 1990, p.346.

22 *Ibid*.

23 *Ibid*.

24 Roland Puchot,《一个英国糕点师写给法国新厨师的信》， 同前， 第 7 页。

25 Jean-Claude Bonnet, « L'Art culinaire dans *L'Encyclopédie* , in *La Gourmandise et la Faim, op. cit*., p. 75-113.

26 《百科全书》，“烹饪”(Cuisine)，1754 年。

27 《百科全书》，“美”(Beau)，1751 年。

28 Jean-Claude Bonnet, *La Gourmandise et la Faim, op. cit.*, p. 81-82.

29 Jean-Claude Bonnet, « Grimod de La Reynière : l'avènement du gastronome », in *La Gourmandise et la Faim, op. cit.*, p. 321-367; Gustave Desnoiresterres, *Grimod de la Reynière et son groupe* (1877), Paris, Menu Fretin/Gallardon, 2009 ; Rebecca L. Spang, « From Gastromania to Gastronomy », *The Invention of the Restaurant. Paris and Modern Gastronomic Culture, op.cit.*, p. 146-169. Les textes de Grimod de La Reynière ont été regroupés par Jean-Claude Bonnet dans *Écrits gastronomiques*, Paris, 10/18, 1978.

30 *Mémoires secrets pour servir à l'histoire de la République des Lettres en France*, en date du 25 décembre 1778.

31 Gustave Desnoiresterres, *Grimod de la Reynière et son groupe, op. cit.*, p. 241.

32 *Ibid.*

33 *Ibid.*, p.86.

34 Jean-Claude Bonnet,«Grimod de La Reynière:l'avènement du gastronome », in *La Gourmandise et la Faim, op. cit.*, p. 340. Sur la naissance de cette presse gastronomique, on lira également Pascal Ory, *Le Discours gastronomique français, des origines à nos jours, op. cit.* ; et le numéro spécial de la revue *Le Temps des médias*, intitulé « À table ! », n° 24, printemps- été 2015.

35 Grimod de La Reynière, *Almanach des gourmands*, op. cit., 1805, p. 554-555.

36 Cité par Gustave Desnoiresterres, *Grimod de la Reynière et son groupe, op. cit.*, p. 284.

37 Grimod de La Reynière, *Almanach des gourmands, op. cit.*, 1805, p. 360-361.

38 关于布里亚 - 萨瓦兰，可以参考 :Suzanne Simha, *Du Goût. De Montesquieu à Brillat-Savarin*, Paris, Hermann, 2012 ;Roland Barthes, « Lecture de Brillat-Savarin », préface à la *Physiologie du goût*, Michel Guibert (éd.), Paris, Hermann, 1975. Une dernière édition de *Physiologie du goût* est parue chez Flammarion, dans la

collection « Champs » en 1982, avec une préface de Jean-François Revel, « Brillat-Savarin, ou le style aimable »。

39 Jean Anthelme Brillat-Savarin, *Physiologie du goût*, Paris, 1825, p.14.

40 *Ibid.*, p.16.

41 *Ibid.*, p.43.

42 Roland Barthes, « Lecture de Brillat-Savarin », in *Physiologie du goût, op. Cit.*, p.11.

43 Jean Anthelme Brillat-Savarin, *Physiologie du goût*, Paris, 1825, p.44.

44 Joseph de Berchoux, *La Gastronomie*, chant I, Paris, Michaud, 1819, p. 5.

餐盘里的社会：从贵族金口到美食革命

1 大仲马转述的趣事不一定准确，参见 *Grand dictionnaire de cuisine* (1873), Paris, Phébus, 2000, p.33。

2 Jean-Claude Bonnet, « La Révolution entre "grande disette" et "petits soupers" », in *La Gourmandise et la Faim. Histoire et symbolique de l'aliment (1730-1830)*, Paris, Le Livre de poche, 2015, p.285-318.

3 Jean-Paul Aron, *Le Mangeur du XIX*ᵉ *siècle*, Paris, Robert Laffont, 1973, p.6.

4 Stephen Mennell, *Français et Anglais à table, du Moyen Âge à nos jours*, Paris, Flammarion, 1987, p. 205.

5 Alexandre Grimod de la Reynière, *Manuel des Amphitryons* (1808), Paris, Métailié, 1995, p.218. 关于葛立莫，还可参考 Jean-Claude Bonnet, « Grimod de la Reynière, l'avènement du gastronome », in *La Gourmandise et la Faim, op. cit.*, p.321- 366。

6 *Ibid.*, p.218-219.

7 *Ibid.*, p.219.

8 *Ibid.*, p.219.

9 *Paris-Restaurant*, Paris, Taride, 1854, p.21-22.

10 Jean-Paul Aron, *Le Mangeur du XIX*^e^ *siècle, op. cit.*, p. 6.

11 Abraham Hayward, *The Art of Dining*, Londres, 1852, cité et traduit par Stephen Mennell, *Français et Anglais à table, op. cit.*, p. 202.

12 Jean-Jacques Rousseau cité par Anthony Rowley, *À table / La fête gastronomique*, Paris, Gallimard, coll. « Découvertes », 1994, p. 85. Sur Rousseau et la cuisine, on lira Jean-Claude Bonnet, « Rousseau et le système de la cuisine », in *La Gourmandise et la Faim, op. cit.*, p. 143-183.

13 Patrice Higonnet, *Paris, capitale du monde. Des Lumières au Surréalisme*, Paris, Tallandier, 2005, p. 269. 关于烹饪和政治之间的联系，我们可以在以下作品里读到有趣的评论 :Anthony Rowley, *Une histoire mondiale de la table*, Paris, Odile Jacob, 2006。

14 Marquis de Villette, *La Chronique*, 18 juillet 1790, cité par Jean- Claude Bonnet, *La Gourmandise et la Faim, op. cit.*, p. 311.

15 Louis-Sébastien Mercier, *Le Nouveau Paris* (1798), Paris, Robert Laffont, coll. « Bouquins », 1990, p. 455-456.

16 Jean-Paul Aron, « Des ripailles, de la faim, de la mort », in *Le Mangeur du XIX*^e^ *siècle, op. cit.*, p. 13-19.

17 Cité par Jules Bertaut, *Les Belles Nuits de Paris*, Paris, Tallandier, 1956, p. 178.

18 Alexandre Grimod de la Reynière, *L'Almanach des gourmands* (1803), n° 1, Paris, Mercure de France, 2003, p. 18-19.

安托万·博维利耶尔：巴黎第一位餐厅老板

1 Antoine Beauvilliers, « Préliminaire », in *L'Art du cuisinier*, Paris, 1814, p. 11.

2 Stephen Mennell, *Français et Anglais à table. Du Moyen Âge à nos jours*, Paris, Flammarion, 1987, p. 198-201.

3 *Paris, modèle des nations étrangères, ou l'Europe française*, Paris, 1777, p. 114.

4 Alexandre Grimod de La Reynière, *Manuel des Amphitryons*, Paris, 1808.

5 Jean Anthelme Brillat-Savarin, « Histoire philosophique de la cuisine. Des restaurateurs », in *Physiologie du goût*, Paris, 1825, p.158.

6 Eugène Briffault, *Paris à table*, Paris, 1846, p. 54.

7 Jean Anthelme Brillat-Savarin, *Physiologie du goût*, Paris, 1825, p.157.

8 *Ibid.*, p.158.

9 Francois Mayeur de Saint-Paul, *Tableau du nouveau Palais-Royal*, Paris, 1788, p.124-125.

10 Jean Anthelme Brillat-Savarin, *Physiologie du goût*, Paris, 1825, p.157.

11 François Mayeur de Saint-Paul, *Tableau du nouveau Palais Royal, op. cit.*, p.125.

12 Jean Anthelme Brillat-Savarin, *Physiologie du goût*, Paris, 1825, p.157.

13 *Ibid.*, p.157-158.

14 François Mayeur de Saint-Paul, *Tableau du nouveau Palais Royal, op. cit.*, p. 125.

在皇家宫殿用餐：漫步最初的巴黎美食中心

1 Eugène Briffault, *Paris à table*, 1846, p.151-152.

2 Antoine Lilti, *Le Monde des salons. Sociabilité et mondanité à Paris au XVIII*^{e} *siècle*, Paris, Fayard, 2005.

3 给索菲·沃兰德的信，1767 年 9 月 24 日，详见 :Jean- Claude Bonnet, « Diderot ou le démon de l'appétit », in *La Gourmandise et la Faim. Histoire et symbolique de l'aliment 1730-1830*, Paris, Le livre de poche, 2015, p.185-243。

4 Henry-Melchior de Langle, *Le Petit Monde des cafés et débits parisiens XVIII*^e^ *-XIX*^e^ *siècles*, Paris, PUF, 1990.

5 Grimod de La Reynière, *Itinéraire nutritif. Promenade d'un Gourmand dans plusieurs quartiers de Paris*, 1803, p.65.

6 Antoine de Baecque, « Jean Ramponeau et les succès de la farce ivrogne », *Les Éclats du rire. La culture des rieurs au XVIII*^e^ *siècle*, Paris, Calmann-Lévy, 2000.

7 Article « Courtille », in *Dictionnaire historique de la ville de Paris*, 1779, p. 57.

8 Henri d'Alméras, *La Vie parisienne sous la Révolution et le Directoire*, Paris, 1925 ; Edmond et Jules de Goncourt, *Histoire de la société française pendant le Directoire*, Paris, 1929 ; Francis Freundlich, *Le Monde du jeu à Paris 1715-1800*, Paris, Albin Michel, 1995 ; *Le Palais Royal, catalogue de l'exposition du Musée Carnavolet*, 9 mai-4 septembre, Paris, Paris- Musées, 1988 ; Antoine de Baecque, *Les Nuits parisiennes XVIII*^e^*-XXI*^e^ *siècles*, Paris, Seuil, 2012.

9 Louis-Sébastien Mercier, *Tableau de Paris, in Paris le jour, Paris la nuit*, Paris, Robert Laffont, coll. « Bouquins », 1990, p. 232-233.

10 Nicolas Edme Restif de la Bretonne, *Les Nuits de Paris, in Paris le jour, Paris la nuit*, Paris, Robert Laffont, coll. « Bouquins », 1990, p. 645-646.

11 Mayeur de Saint-Paul, *Tableau du nouveau Palais-Royal*, 1788, p. 32.

12 Karamzine, *Voyage en France de 1789*, Paris, Hachette,1985, p. 234.

13 Grimod de la Reynière, *Itinéraire nutritif. Promenade d'un Gourmand dans plusieurs quartiers de Paris*, 1803.

14 *Ibid.*, p.164.

15 *Ibid.*, p.168.

16 *Ibid.*, p.165.

17 *Ibid.*

18 *Ibid.*, p.167.

19 *Ibid.*

20 *Ibid.*, p.173.

21 Henri Gault et Christian Millau, *Guide gourmand de la France*, Paris, Hachette, 1970, p.163.

22 Grimod de la Reynière, *Itinéraire nutritif. Promenade d'un Gourmand dans plusieurs quartiers de Paris, op. cit*, p. 174. 23 Ibid., p.175.

23 *Ibid.*, p.173.

餐桌与菜单：服务的转变

1 Claude Levi-Strauss, « Le Triangle culinaire », *L'Arc*, n° 26, 1965.

2 René Héron de Villefosse, *Histoire et géographie gourmondes de Paris*, Paris, Les Éditions de Paris, 1956, p. 125.

3 Louis-Sébastien Mercier, *Le Nouveau Paris*, 1798, p. 177.

4 *Ibid.*, p.178.

5 *Ibid.*, p.177-178.

6 *La Table et le Partage*, Rencontres de l'Ecole du Louvre/La Documentation française, 1986, notamment les articles de Daniel Alcouffe, « La naissance de la salle à manger au *XVIII*e siècle » ; Catherine Arminjon, « L'utile et l'agréable : le décor de la table du *XV*e au *XIX*e siècles » ; Nicole Blondel, « L'utilité des objets de table ».

7 Craig Koslofsky, *Evenings Empire. A History of the Night in Early Modern*

Europe, Cambridge, Cambridge University Press, 2011, p.14.

8 Alain Cabantous, *Histoire de la nuit (XVIIe-XVIIIe siècles)*, Paris, Fayard, 2009, p.24.

9 Louis-Sébastien Mercier, *Le Nouveau Paris, op. cit.*, p.176.

10 *Ibid.*, p.178.

11 Grimod de la Reynière, *Le Manuel des Amphitryons*, Paris, 1808, p.124.

12 Edmond et Jules de Goncourt, *Histoire de la société française sous la Révolution*, Paris, 1854, p.98-99.

13 Grimod de La Reynière, *Manuel des Amphitryons, op. cit.*, p.66.

14 Marc de Ferrière Le Vayer, « Du service à la française au service à l'américaine, ou la table comme territoire de l'innovation *XVIII*e- *XXI*e siècles », in *Les Dynamiques des systèmes d'innovation*, Christophe Bouneau et Yannick Lung (dir.), Pessac, Maison des sciences de l'homme d'Aquitaine, 2009 ; Philip Hyman, « Le service à la française et le service à la russe », in *Antonin Carême, l'art culinaire au XIX*e siècle, catalogue de la Délégation à l'action artistique de la ville de Paris/Mairie du *III*e arrondissement, 1984.

15 Urbain Dubois et Émile Bernard, *La Cuisine classique. L'École française appliquée au service à la russe*, Paris, 1864, p. 5.

16 Eugène Briffault, *Paris à table*, Paris, 1846, p. 134.

17 Grimod de la Reynière, *Élements de politesse gourmande*, Paris, 1808 (ce texte est inséré dans *Le Manuel des Amphitryons*, dont il constitue la « troisième partie »).

18 Grimod de la Reynière, *Élements de politesse gourmande*, op. cit., p. 246.

19 *Ibid.*, p.246-247.

20 *La Table et le Partage, op. cit.*, p. 105.

21 Grimod de la Reynière, *Élements de politesse gourmande, op. cit.*, p. 264-265.

22 *Ibid.*, p.265.

23 *Ibid.*, p.265.

24 Louis-Sébastien Mercier, *Le Nouveau Paris, op. cit.*, p. 136.

25 U. Dubois et E. Bernard, *La Cuisine classique, op. cit.*, p. 8.

26 Louis-Sebastien Mercier, *Le Nouveau Paris, op. cit.*, p. 136.

27 René Héron de Villefosse, *Histoire et géographie gourmondes de Paris, op. cit.*, p. 137-138.

28 *Ibid.*, p.138.

29 Pierre Andrieu, *Histoire du Restaurant en France*, Montpellier, Les Éditions de la « Journée viticole », 1954, p. 28.

30 Jean Anthelme Brillat-Savarin, *Physiologie du goût*, Paris, 1825, p. 114.

31 L.-S. Mercier, *Le Nouveau Paris, op. cit.*, p. 189-190.

安托南·卡雷姆：一位艺术家的诞生或高级料理的问世

1 Antoine Carême, *Le Maître d'hôtel français, ou Parallèle de la cuisine ancienne et moderne*, t. 2, Paris/Londres/Vienne, 1822, p. 278.

2 关于卡雷姆，可以阅读：Philippe Alexandre et Béatrix de l'Aulnoit, *Le roi Carême*, Paris, Albin Michel, 2003 ; Georges Bernier, *Antonin Carême. La sensualité gourmande en Europe*, Paris, Grasset, 1989 ; *Antonin Carême. L'Art culinaire au XIXe siècle*, catalogue de l'exposition de la Mairie du IIIe arrondissement de Paris/Délégation à l'action artistique de la ville de Paris, 1984 ; Louis Rodil, *Antonin Carême de Paris (1783-1833)*, Marseille, Jeanne Laffitte, 1980 ; Gilles et Laurence Laurendon, « Carême, ou le Palladio de la cuisine », in *L'Art de la cuisine française au XIXe siècle*, Paris, Payot, 1994 ; Jean- Claude Bonnet, « Antonin Carême : le cuisinier artiste », in *La Gourmandise et la Faim. Histoire et symbolique de l'aliment (1730-1830)*, Paris, Le Livre de poche, 2015。

3 A. Carême, *L'Art de la cuisine française*, t. 1, Paris, 1833, p. 37.

4 *Ibid*.

5 « Souvenirs écrits par lui-même », réunis dans *L'Art de la cuisine française*, t. 5, *op. cit.*, p. 459.

6 « Aphorismes, pensées et maximes », in *L'Art de la cuisine française*, t. 3, *op. cit.*, p. 234.

7 A. Carême, *L'Art de la cuisine française*, t. 1, *op. cit.*, p. 144.

8 Article « Carême », in *Le Grand Dictionnaire de cuisine*, Paris, 1873.

9 Marion Godfrey, *Napoléon, biographie gourmande*, Paris, Payot, 2017 ; Laurent Stefanini, *À la table des diplomates*, Paris, L'Iconoclaste, 2016。

10 旧 maître queux，源自拉丁语 coquere，意为“烹饪”(cuire)。

11 « Aphorismes, pensées et maximes », in *L'Art de la cuisine française*, t. 3, *op. cit.*, p. 45.

12 Marquis de Cussy, *L'Art culinaire*, Paris, 1855, p. 376.

13 Jean-Claude Bonnet, « Antonin Carême : le cuisinier artiste », in *La Gourmandise et la Faim, op. cit.*

14 Charles Otto Zieseniss, « Bals parés et bals masqués », *Souvenir napoléonien*, n° 299, mai 1978, p. 6.

15 Charles Otto Zieseniss, « Bals parés et bals masqués », art. cité, p. 7.

16 A. Carême, *Le Cuisinier parisien, ou Art de la cuisine française*, Paris, 1828.

17 A. Carême, *Le Maître d'hôtel français, op. cit.*, p. 114.

18 Lady Morgan, *La France en 1829 et 1830*, t. 2, Paris, 1830, p. 323.

19 Marquis de Cussy, *L'Art culinaire, op. cit.*, p. 37.

20 A. Carême, *Le Pâtissier royal parisien*, t. 1, Paris, 1815, p. 77.

21 « Discours préliminaire », in *L'Art de la cuisine française, op. cit.*

22 *Ibid*.

23 Jean-Claude Bonnet, « Antonin Carême : le cuisinier artiste », in *La Gourmandise et la Faim, op. cit.*, p. 411.

24 Lady Morgan, *La France en 1829 et 1830*, t. 2, *op. cit.*, p. 323.

25 « Discours préliminaire », *L'Art de la cuisine française*, t. 1, op. cit.

1 *Les Grands Boulevards. Un parcours d'innovation et de modernité XIX*^e^ *- XX*^e^ *siècles*, Béatrice de Andia, Bernard Landau, Evelyne Lohr et Claire Monod (dir.), Délégation à l'action artistique de la Ville de Paris, 2000 ; Patrice de Moncan, *Les Grands Boulevards de Paris*, Paris, Mécène, 2002 ; Boris Lyon-Caen, « L'énonciation piétonnière. Le boulevard au crible de l'étude de mûrs », *Romantisme*, n° 134, 2006, p. 19-31.

2 Article « Boulevard », in *Grand dictionnaire universel du XIX*^e^ *siècle, Paris*, Pierre Larousse, 1866.

3 Mario Proth, *Le Boulevard du Crime*, Paris, 1872.

4 参见 Béatrice de Andia dans *Les Grands Boulevards. Un parcours d'innovation et de modernité XIX*^e^ *- XX*^e^ *siècles, op. cit.*, p. 54。

5 *Le Magasin du XIX*^e^ *siècle*, Jose-Luis Diaz (dir), n° 3 : *Quand la ville dort*, 2013, p. 154-155.

6 Charles Joliet, *Paris Guide*, Paris, 1867, p. 1558.

7 Patrice Boussel, *Les Restaurants dans la Comédie humaine*, Paris, Éditions de la Tournelle, 1950.

8 *Promenades nocturnes*, Alain Montandon (dir), Paris, L'Harmattan, 2009, p. 14.

9 Jules Bertaut, *Les Belles Nuits de Paris*, Paris, Tallandier, 1956, p. 189.

10 René Héron de Villefosse, *Histoire et géographie gourmondes de Paris*, Paris, Les Éditions de Paris, 1956, p. 173.

11 Jules Bertaut, *Les Belles Nuits de Paris, op. cit.*, p. 189-190.

12 *Petit dictionnaire critique et anecdotique des enseignes de Paris*, Paris, 1826, p. III.

13 *Ibid.*, p. 14.

14 *Ibid.*, p. 15.

15 Patrice Boussel, *Les Restaurants dans la Comédie humaine, op. cit.*, p. 9.

16 *Journal des Gourmands et des Belles*, n° 4, Paris,1836, p. 245.

17 Patrice Boussel, *Les Restaurants dans la Comédie humaine, op. cit.*, p. 19.

18 Eugène Briffault, *Paris à table, op. cit.*, p. 150-151.

19 Eugène Briffault, *Paris a table, op. cit.*, p. IV.

20 巴尔扎克：《高老头》，巴黎，1842 年，第 145 页。

21 René Héron de Villefosse, *Histoire et géographie gourmondes de Paris, op. cit.*, p. 173.

22 *Ibid.*, p. 173.

23 *Ibid.*, p. 173-174.

24 Louis Gabriel Montigny, *Provincial à Paris:esquisses des mœurs parisiennes*, Paris, 1825, p. 6.

25 Cité par Jules Bertaut, *Les Belles Nuits de Paris, op. cit.*, p. 186-187.

26 Cité par Henri d'Alméras, *La Vie parisienne sous le règne de Louis-Philippe*, Paris, 1911, p. 114.

27 Cité par Henriette Levillain, *L'Esprit dandy de Brummell à Baudelaire*, Paris, Jose Corti, 1991, p. 19.

28 Cité par Simone Delattre, *Les Douze Heures noires. La nuit à Paris au XIX*e *siècle*, Paris, Albin Michel, 2000, p. 14.

29 Article « sommeil », in *Paris Guide*, 1867.

30 Eugène Briffault, *Paris à table, op. cit.*, p. 183.

31 *Ibid.*, p. 184.

32 Antoine Caillot, *Mémoires pour servir à l'histoire des mœurs et usages des Français*, Paris, 1827, p. 357.

33 Pierre Andrieu, *Histoire du restaurant en France*, Paris, Les Éditions de la « Journée viticole », 1954, p. 43.

34 关于皮埃尔 - 路易 · 迪瓦尔及其子亚历山大的餐厅，可以阅读 Pierre

Andrieu 的 *Histoire du restaurant en France* 第 43—45 页。

35 Ginette Hell-Girod, « Histoire des brasseries de Paris du XIXe et XXe siècles », in *Les Restaurants dans le monde à travers les âges*, Alain Huetz de Lemps et Jean-Robert Pitte (dir.), Grenoble, Glenat, 1990, p. 33.

36 Alfred Delvau, *Histoire anecdotique des café et cabarets de Paris*, 1862, p. 56.

37 Bernard Valade, « La voie de la modernité », *Les Grands Boulevards, op. cit.*, p. 210.

38 Jean-Paul Aron, *Le Mangeur du XIXe siècle*, Paris, Robert Laffont, 1973.

39 Georg Simmel, *Expérience du monde moderne*, Paris, Klinck- sieck, 1986, p. 114.

40 Eugène Briffault, *Paris à table, op. cit.*, p. 17-18.

41 *Ibid.*, p. 20.

42 Rebecca L. Spang, *The Invention of the Restaurant. Paris and Modern Gastronomic Culture*, Cambridge (Mass.), Harvard University Press, 2000, p. 175. Et l'ensemble du chapitre « Putting Paris on the Menu », p. 170-205.

43 *Ibid.*, p. 176.

44 *Ibid.*, p. 176-177.

45 关于巴黎美食之名的建立，可以阅读 :Stephen Mennell，*Français et Anglais à table, du Moyen Âge à nos jours*， Paris，Flammarion，1987。

46 画面再现于 Rebecca L. Spang, *The Invention of the Restaurant, op. cit.*, p. 180-181。

47 Patrice Higonnet, *Paris capitate du monde*, Paris, Tallandier, 2005, p. 271.

“世界第一主厨”奥古斯特·埃斯科菲：餐厅这样改变历史

1 Paul Thalamas, Eugène Herbodeau, *Auguste Escoffier*, LDT Press, Londres, 1956 ; Michel Gall, *Le Maître des saveurs. La vie d'Auguste Escoffier*, Paris,

Éditions De Fallois, 2001 ; Jean-Marc Boucher, *Auguste Escoffier. Préceptes et transmission de la cuisine de 1880 à nos jours*, Paris, L'Harmattan, 2014.

2 Pascal Ory, « Préface », *in Auguste Escoffier, Souvenirs culinaires*, Paris, Mercure de France, 2011, p. 10.

3 不少于八部作品，大部分关于厨艺技巧，在埃斯科菲耶在世时期发表 :*Traité sur l'art de travailler les fleurs en cire* (1886), *Le Guide culinaire* (1902), *Le Livre des menus* (1912), *L'Aide-mémoire culinaire* (1919), *Le Riz* (1927), *La Vie à bon marché. La morue* (1929), *Ma cuisine* (1934), *à quoi il faut adjoindre le Projet d'assistance mutuelle pour l'extinction du paupérisme* (1910)。

4 埃斯科菲耶生前留下了不少自传文件，首先是他的儿子保罗的整理，之后由其孙皮埃尔 · 埃斯科菲耶、堂兄弟马塞尔 · 埃斯科菲耶、序言作者 Jeanne Neyrat-Thalamas、编辑 Juliette Delaunoy 再次整理并做了补充。合集第一版题为 *Souvenirs inédits : 75 ans au service de l'art culinaire*(Jeanne Laffitte, 1985); 第二版由 Mercure de France 出版， 帕斯卡尔 · 奥里作序，题目为 *Souvenirs culinaires*(巴黎，2011)。作品还被译为英文出版 :*Memories of my Life* (Van Nostrand Reinhold，1997)。

5 A. Escoffier, *Souvenirs culinaires, op. cit.*, p. 8.

6 Stéphen Liégeard, *La Côte d'Azur*, Paris, 1887; Dominique Escribe, *La Côte d'Azur. Genèse d'un mythe*, Nice, Gilbert Vitaloni, 1988 ; Marc Boyer, *L'Invention de la Côte d'Azur. L'hiver dans le Midi*, La Tour d'Aigues, Éditions de l'Aube, 2002 ; Alain Ruggiero (dir.), *Nouvelle histoire de Nice*, Toulouse, Privat, 2006.

7 A. Escoffier, *Souvenirs culinaires, op. cit.*, p. 54.

8 *Ibid.*, p. 94.

9 Paul Thalamas, Eugène Herbodeau, *Auguste Escoffier, op. cit.*, p. 79.

10 A. Escoffier, *Souvenirs culinaires, op. cit.*, p. 219。Stephen Mennel 在 *Français et Anglais à table, du Moyen Âge à nos jours*(Paris, Flammarion, 1987,

p. 228-229) 中讲述了埃斯科菲耶的改革。关于这个“烹饪团队”体系，还可以阅读 Stéphane Bellon, *Gastronomie et hôtellerie. Secrets de cuisine*(巴黎，Eyrolles 出版社，2012)。

11 Auguste Escoffier, *Le Livre des menus*, Paris, 1903, p. XII.

12 Pascal Ory, « Préface », *in Escoffier, Souvenirs culinaires, op. cit.*, p. 19; 也可以参考 « La Pêche Melba : histoire d'un dessert mythique », *L'Académie du goût*, 4 septembre 2014。

13“蜜桃梅尔巴”菜谱，《烹饪指南》，同上，第 234 页。

14 Pascal Ory, « Préface », in Escoffier, *Souvenirs culinaires, op. cit.*, p. 19.

15 他把剩下的鹌鹑送给安贫小姐妹会 (Les petites soeurs des pauvres) 的寄宿者 (Pascal Ory, « Préface », *in Escoffier, Souvenirs culinaires, op. cit.*, p. 19.)。

16 Elizabeth David, *An Omelette an a Glass of Wine*, Londres, R. Hales, 1984, p. 29.

17 A. Escoffier, *Le Guide culinaire*, op. cit., p. v.

18 *Ibid.*, p. 24.

19 *Ibid.*, p. VII.

20 关于利兹，参见 Claude Roulet, *Ritz, une histoire plus belle que la légende*, Paris, QuaiVoltaire, 1998。

21 Alphonse Daudet, *Tartarin sur les Alpes*, Paris, 1885, p. 114.

22 Jean Castarede, *Histoire du luxe en France. Des origines à nos jours*, Paris, Eyrolles, 2011.

23 A. Escoffier, *Souvenirs culinaires, op. cit.*, p. 190.